José Luis Guevara Valdez
Daniel Díaz Plascencia
Diana González López

Aditivo de levedura de maçã em dietas para tilápias em crescimento

José Luis Guevara Valdez
Daniel Díaz Plascencia
Diana González López

Aditivo de levedura de maçã em dietas para tilápias em crescimento

Leveduras benéficas na alimentação de Tilápias
(Oreochromis niloticus) em crescimento

Imprint

Any brand names and product names mentioned in this book are subject to trademark, brand or patent protection and are trademarks or registered trademarks of their respective holders. The use of brand names, product names, common names, trade names, product descriptions etc. even without a particular marking in this work is in no way to be construed to mean that such names may be regarded as unrestricted in respect of trademark and brand protection legislation and could thus be used by anyone.

Cover image: www.ingimage.com

This book is a translation from the original published under ISBN 978-3-659-08706-6.

Publisher:
Sciencia Scripts
is a trademark of
Dodo Books Indian Ocean Ltd. and OmniScriptum S.R.L publishing group

120 High Road, East Finchley, London, N2 9ED, United Kingdom
Str. Armeneasca 28/1, office 1, Chisinau MD-2012, Republic of Moldova, Europe
Printed at: see last page
ISBN: 978-620-7-73008-7

Conteúdo

RESUMO GERAL

No presente estudo, foram realizadas várias experiências para avaliar o efeito do bagaço de maçã fermentado e a utilização de um aditivo à base de levedura na dieta de tilápias *(Oreochromis niloticus)* durante a fase de crescimento. Tanto o bagaço fermentado quanto o aditivo de levedura foram preparados por processos de fermentação aeróbica. Durante a preparação do inóculo de levedura, foi avaliado o efeito de dois aditivos naturais, Zeolite e Óleo Essencial de Orégãos (OEO), nos parâmetros de segurança microbiológica, onde o tratamento com OEO mostrou uma diminuição considerável de bactérias mesófilas aeróbias. Não diferiu significativamente em relação ao controlo na contagem de leveduras às 48 h (P > 0,05). [66]Um outro estudo avaliou o efeito antimicrobiano do OEO e da zeólita na fermentação em estado sólido (FES) do bagaço de maçã, em que o crescimento máximo da levedura foi obtido às 48 h com a adição de ambos os tratamentos (462x10 células/g), enquanto o controlo o alcançou às 96 h (470,5 x10 células/g), reduzindo o tempo de fermentação tradicional e optimizando o processo. O ensaio *in vivo* foi efectuado num sistema de aquário fechado, com condições controladas de oxigenação, pH e qualidade da água, durante 8 semanas. As dimensões morfométricas dos peixes foram tomadas semanalmente e, uma vez determinados os parâmetros produtivos dos peixes juvenis em crescimento, estes foram sacrificados para determinar o rendimento em filetes. Verificou-se que os peixes alimentados com o BMF tinham um peso superior de 37,93 g, enquanto que o tratamento de controlo tinha um peso de 34,92 g (P > 0,05). Os tratamentos com inóculo de levedura apresentaram 32,42 g, sendo menor (P>0,05). O ganho de comprimento foi também um parâmetro que variou consoante o tratamento, sendo o tratamento BMF superior (92,19 mm) ao controlo (88,38 mm) e, tal como nas outras variáveis, o ganho de comprimento dos peixes alimentados com o inóculo de levedura foi consideravelmente inferior (83,84 mm; P>0,05).

INTRODUÇÃO GERAL

A aquacultura é o desenvolvimento de organismos aquáticos em condições controladas ou semi-controladas, sendo assim uma das melhores opções económicas para a produção de proteína animal. Na última década assistiu-se a um desenvolvimento da aquicultura a nível mundial, embora com enfoque nos países em desenvolvimento, uma vez que tem potencial para produzir mais peixe a um custo mais baixo, cobrindo a procura que surgirá devido à explosão demográfica sem afetar a ecologia e produzindo alimentos seguros, de alta qualidade e com um excelente perfil nutricional (FAO, 2020).

Na produção de peixes em aquacultura, 50 % ou mais das despesas são direccionadas para a alimentação, pelo que é necessário desenvolver uma alimentação completa, equilibrada e altamente digerível, com benefícios nutricionais adicionais e elevada qualidade proteica, bem como aditivos que preservem a saúde dos peixes, tais como suplementos nutracêuticos e probióticos, a fim de otimizar o crescimento dos peixes e obter um maior benefício produtivo (Thiessen *et al.*, 2003; Idenyi *et al.*, 2022).

Ao formular uma ração para peixes de aquacultura, mais de metade do custo é direcionado para a adição de proteína de qualidade aceitável, sendo a farinha de peixe normalmente o principal insumo utilizado para este fim. A farinha de peixe possui um balanço adequado de aminoácidos, ácidos gordos, energia digestível, vitaminas e minerais, o que a torna uma excelente opção para inclusão em dietas para peixes (Shaeffer *et al.*, 2009; Hoyos *et al.*, 2017).

No entanto, existem fontes alternativas de proteína disponíveis no mercado que são derivadas de fontes vegetais, como a farinha de soja, que, tendo um excelente perfil de aminoácidos, representa uma excelente oportunidade para suplementar a farinha de peixe sem ter que direcionar tanto recurso económico para a fonte de proteína (Dong *et al.*, 2013).

O fermento de bagaço representa uma opção muito interessante na formulação de uma dieta para peixes produzidos por aquacultura, pois é o produto da fermentação microbiana dos subprodutos da indústria da maçã, representa uma alternativa económica para adicionar proteína de origem microbiana, com alta digestibilidade e preço extremamente acessível (Balcazar *et al*, 2006), além de oferecer valor agregado como a presença de compostos antioxidantes da maçã e leveduras da fermentação, que adicionam sua capacidade probiótica à dieta (Diaz-Plascencia, 2011; D^az-Plascencia 2017a).

Portanto, o objetivo geral do presente trabalho foi avaliar os parâmetros produtivos e de qualidade da carne de tilápias (*Oreochromis niloticus*) alimentadas com uma dieta suplementada com bagaço de maçã fermentado sólido e um inóculo de levedura produzido durante a fermentação.

Os objectivos específicos eram quantificar as leveduras que compõem o inóculo produzido nesta fermentação e descrever as relações entre os compostos funcionais e a saúde dos peixes alimentados com estes compostos.

REVISÃO DA LITERATURA

Aquacultura

O termo aquacultura refere-se ao cultivo de organismos aquáticos cujo principal destino é o consumo humano, em condições controladas, o que se traduz num melhor rendimento produtivo e num menor investimento económico. Há mais de dois mil anos que a civilização chinesa produz peixes através da sua criação em sistemas de aquacultura, quer em tanques especificamente concebidos para o efeito, quer em campos de arroz inundados durante a estação das chuvas. Assim, a história da aquacultura remonta a vários milénios na história da humanidade, que ao longo dos anos tem tentado obter alimento a partir dos peixes, mas criados em massas de água limitadas, a fim de controlar os parâmetros necessários para obter o máximo benefício (Wang *et al.*, 2008).

O rápido crescimento da população humana levou à necessidade de considerar novas fontes alimentares que contenham proteínas de alta qualidade, um bom perfil lipídico e, acima de tudo, que sejam acessíveis à população em geral. A aquacultura preenche todos estes requisitos, uma vez que, num sistema relativamente pequeno, com uma poluição ambiental mínima e com pouco esforço por parte dos piscicultores, é possível obter um alimento de elevado valor nutricional para o consumidor a um custo muito baixo. A fim de sustentar a elevada procura de produtos da aquicultura para consumo humano, a indústria da aquicultura teve de efetuar ajustamentos aos seus métodos e instalações, o mais importante dos quais é a intensificação do cultivo (Wang *et al.*, 2007).

Com o aumento da procura de produtos aquícolas, o aquicultor vê-se obrigado a diversificar as suas culturas, a aumentar o encabeçamento e a integrar-se na cadeia comercial, o que acarreta factores alheios ao controlo normal da água, como parasitas, vírus ou bactérias, que entram no sistema através da introdução de novos organismos ou de crias provenientes de explorações infectadas. Todos estes problemas infecciosos causam problemas técnicos e económicos, envolvendo a desinfeção dos tanques, os custos dos medicamentos e, sobretudo, a perda de esperma (Bondad-Reantaso *et al.*, 2005).

Sendo o México um país com extensas costas e diversas massas de água, é de esperar que a atividade piscatória tenha uma elevada importância relativamente a outros sectores produtivos, pelo que, em 2011, foram obtidas 1.660.475 toneladas de peso vivo na pesca, das quais 262.855 toneladas foram obtidas a partir de sistemas de aquicultura, que tiveram uma quota de 15,83 % do total nacional (SAGARPA e CONAPESCA, 2012).

Em 2011, Chihuahua ocupou o 27º lugar entre os estados do país na produção de peixe, com 758 toneladas de produção, o que representa 0,05% da produção nacional. Chihuahua possui centros de produção de peixes de aquicultura, que contribuem significativamente para essa produção, com uma produção principal de carpa (308 toneladas), seguida de truta (230 toneladas), mojarra (173 toneladas), bagre (113 toneladas) e lagosta (14 toneladas), o que o torna o décimo estado sem litoral com produção de peixes (SAGARPA e CONAPESCA, 2012).

A aquicultura é, por conseguinte, uma atividade de grande importância sociocultural, especialmente nos meios rurais, onde os pequenos produtores podem obter alimentos de boa qualidade a preços muito baixos, gerar emprego e diversificar as práticas produtivas dos produtores de gado, Além disso, fornece um alimento com um perfil nutricional melhor do que o de qualquer outro animal terrestre, uma vez que é uma fonte de proteína animal de alta qualidade, fornece energia altamente digerível e é uma fonte importante de ácidos gordos ómega 3, ácidos gordos polinsaturados, vitaminas lipossolúveis e minerais (Bondad-Reantaso *et al.*, 2005).

Alimentação em Aquacultura

Os organismos aquáticos, tal como todos os animais terrestres, necessitam de nutrientes como proteínas, hidratos de carbono e hidratos de carbono, bem como vitaminas e minerais para o seu desenvolvimento, dos quais obtêm a energia e os componentes necessários para realizar as suas funções metabólicas. Estes nutrientes provêm dos alimentos que podem encontrar no seu ambiente natural, como os detritos vegetais, outros peixes ou a matéria orgânica que cai dos sistemas ecológicos terrestres, enquanto que nos sistemas de aquacultura estão limitados às dietas fornecidas pelo aquacultor, com exceção dos sistemas semi-controlados, onde também podem obter alimentos de fontes naturais em menor grau (Lovell, 1991).

As dietas formuladas para peixes têm necessidades proteicas mais elevadas do que as dietas para animais terrestres, principalmente porque os peixes têm necessidades proteicas mais elevadas, mas necessidades energéticas mais baixas. Este facto leva a um custo mais elevado da formulação de uma dieta para incluir proteína e deve ser formulada com base na premissa de que a proteína incluída se destina a gerar proteína para deposição nos peixes, em vez de ser utilizada como fonte de energia (Liu *et al.*, 2011).

Os peixes têm a vantagem de necessitar de muito menos energia metabolizável do que os animais terrestres, principalmente porque consomem menos energia quando se deslocam no seu ambiente, mantendo a sua postura ou temperatura, e porque excretam os seus resíduos azotados sob a forma de amónio, consomem menos energia no catabolismo e na excreção de resíduos proteicos (Gaylord *et al.*, 2009).

Os amidos são facilmente digeridos pelos peixes, especialmente pelos peixes de água quente, mas são menos facilmente utilizados pelos peixes de água doce, que tendem a utilizar principalmente o catabolismo dos ácidos gordos e dos triglicéridos para obter energia. É por esta razão que alguns peixes de água doce, como o salmão, têm uma necessidade obrigatória de ácidos gordos ómega 3 e 6 na sua dieta, enquanto os peixes de água temperada necessitam de triglicéridos para realizar o seu metabolismo lipídico com uma proporção menor de ácidos gordos ómega 3 e 6 (Lovell, 1991). O mesmo autor refere que a formulação de uma dieta para peixes criados em aquacultura, na qual são fornecidos todos os nutrientes necessários para o desenvolvimento ótimo dos peixes, terá um custo económico elevado, o que leva à procura de novas metodologias para facilitar a digestão ou absorção dos compostos fornecidos na dieta. Este campo de investigação em formulação conduz a compostos funcionais na nutrição animal, que proporcionam um benefício adicional ao seu valor nutricional.

Tilápia (*Oreochromis niloticus*) e seu cultivo

A tilápia é a nona espécie mais cultivada em todo o mundo, sendo a tilápia do Nilo (*Oreochromis niloticus*), a tilápia de Java (*O. mossambicus*) e a tilápia azul (*O.*

aureus) as espécies mais procuradas. São originárias de África e do Médio Oriente, mas foram agora introduzidas em quase todas as zonas tropicais do mundo, principalmente como espécie para criação em pequenos tanques nas zonas rurais e sobretudo para autoconsumo por pessoas em situações precárias. A tilápia é atualmente uma espécie muito procurada, com mercados importantes no Japão, nos Estados Unidos e na Europa, bem como em alguns países em desenvolvimento (Shaeffer *et al.*, 2009).

As tilápias são sensíveis à temperatura e têm uma temperatura óptima de 28 a 32 °C. medida que a temperatura diminui, o crescimento do peixe é reduzido, até que deixa de se alimentar quando a temperatura atinge 16 ou 17 °C, e morre a menos de 10 °C. São espécies de água doce, mas podem crescer em salinidades até 25 ppt (Shaeffer *et al.*, 2009).

A carne obtida da tilápia é uma carne macia, de sabor ligeiro, cinzenta clara ou branca, com alguma coloração vermelha perto da linha lateral. Nas espécies fortificadas, a carne é mais clara do que nas espécies puras, e nos adultos com mais de 600 gramas o sabor é intensificado, especialmente na linha lateral. Esta espécie tem um rendimento em filetes de cerca de 33-35% do peso vivo, o que é relativamente baixo (Cnaani e Hulata, 2008). O mesmo autor refere que a tolerância da tilápia às variações das condições ambientais, a sua elevada fecundidade e a facilidade de competição com outras espécies tornaram-na numa espécie muito procurada pelos piscicultores, fácil de cultivar e com bom sabor.

Bagaço de maçã

O estado de Chihuahua é o primeiro produtor nacional de maçãs, com 43,1 % da área plantada nacional e 73,7 % da produção total, produzindo 370.040,2 toneladas por ano (SAGARPA, 2009), com as quais se pode estimar que um quarto deste valor é desperdício de maçã por não cumprir as normas de qualidade. Este resíduo, juntamente com os subprodutos gerados pela indústria de processamento da maçã, gera resíduos, principalmente bagaço de maçã, sendo 25 a 30 % do peso da fruta fresca, o que representa um grave problema de poluição, pois é altamente biodegradável e altera significativamente o ambiente em que é descartado graças ao seu alto teor de hidratos de carbono, ácidos, fibras, vitamina C e minerais (Joshi e Sandhu, 1996).

Devido ao baixo teor de azoto e ao elevado teor de humidade do bagaço de maçã, tem sido difícil incluí-lo nas dietas dos animais, situação que torna imperativo o desenvolvimento de técnicas que permitam o seu consumo e reduzam o impacto ambiental que gera. Assim, uma das alternativas mais bem sucedidas tem sido a fermentação em estado sólido (FES) do bagaço, adicionado de azoto ureico e misturas de vitaminas e minerais que permitem o desenvolvimento de leveduras, que para além de degradarem a fibra, podem fornecer proteína de origem microbiana, ou seja, suplementar a baixo custo proteína de alta qualidade (Diaz *et al.*, 2010).

Compostos funcionais na alimentação animal

Os alimentos funcionais são aqueles que contêm um composto ou nutriente com alguma atividade benéfica, ou seja, que podem proporcionar um resultado fisiológico para além do seu próprio valor nutricional. Como a maioria dos animais, os peixes também são susceptíveis ao stress oxidativo causado pela presença de radicais livres de oxigénio, e embora exista todo um mecanismo enzimático para capturar estes últimos, nem sempre são suficientes para eliminar os radicais gerados nos tecidos dos peixes. O sistema enzimático antioxidante é composto principalmente pelas enzimas glutatião peroxidase, glutatião redutase, superóxido dismutase e catalase, bem como por algumas substâncias reduzidas, como o glutatião. O stress oxidativo ocorre quando este sistema enzimático antioxidante diminui, ou a presença de radicais livres aumenta, o que afecta diretamente a saúde dos peixes, uma vez que as membranas celulares são atacadas por radicais livres e ocorrem danos nos tecidos que podem afetar o desenvolvimento dos peixes (Dong *et al.*, 2013).

Para mitigar a geração de radicais livres, é necessário incluir na dieta compostos antioxidantes que possam ajudar o sistema enzimático dos peixes na captura de radicais livres, especialmente os provenientes da oxidação dos óleos, uma vez que a toxicidade dos óleos oxidados na dieta dos peixes está bem documentada (Yamashita *et al.*, 2009).

Entre os compostos que podem ser adicionados a uma dieta como antioxidantes estão os polifenóis, que são constituintes naturais das plantas, que os utilizam como antioxidantes contra os radicais livres produzidos na fotossíntese (Biedrzycka e Amarowicz, 2008).

Embora tenham sido identificadas centenas de polifenóis, os dois tipos mais importantes de polifenóis são os flavonóides e os ácidos fenólicos, que por sua vez se dividem em várias classes. Os flavonóides incluem as flavonas, os flavonóis, os flavanóis, as flavanonas, as flavanonas, as isoflavonas, as antocianinas, entre outros, e encontram-se habitualmente nas cebolas, no chá, nas maçãs, nos citrinos, na soja, nas bagas e no cacau. E os ácidos fenólicos mais importantes são o ácido cafeico e o ácido ferúlico, encontrados no café e em alguns vegetais (Scalbert e Manach, 2005).

No caso das maçãs, existem diferenças entre as variedades no que respeita à quantidade de polifenóis presentes, destacando-se as variedades Braeburn, Red Delicious, Cripps Pink e Granny Smith, Idared e Rome Beauty, com valores entre 66,2 e 211,9 mg/100g de peso fresco (consoante a variedade), sendo os flavanóis catequina e proantocianidinas os mais presentes, seguidos dos hidroxicinamatos. Estes flavonóides são sintetizados pela planta em resposta à infeção bacteriana, uma vez que apresentam uma atividade antimicrobiana ao ligarem-se às proteínas das membranas bacterianas e ao desestabilizá-las (Biedrzycka e Amarowicz, 2008).

A partir dos subprodutos da maçã, produziu-se um produto alimentar denominado "*manzarina*", obtido por fermentação em estado sólido, onde se desenvolveu a flora própria da maçã, utilizando os hidratos de carbono da própria maçã e a ureia como fonte de azoto. Com este processo de fermentação, obtém-se um produto proteico que, para além de aumentar a proteína natural da maçã graças à proliferação de microrganismos, apresenta leveduras vivas, nomeadamente *Saccharomyces cerevisiae*, *Kluyveromyces lactis* e *Issatchenkia orientalis* (Diaz-Plascencia, 2011; Balcazar *et al.*, 2013).

Essas leveduras foram estudadas em outras espécies como probióticos, onde foram alcançadas melhorias (Diaz-Plascencia, 2011; D^az-Plascencia 2017a). É, portanto, um ponto de interesse conhecer o seu comportamento como probióticos em espécies de acucola, a fim de avaliar o seu desempenho e os seus benefícios para o hospedeiro.

Probióticos na alimentação animal

Com a intensificação da aquicultura a nível mundial e a globalização do comércio de espécies aquícolas, várias bactérias patogénicas espalharam-se pelos tanques e centros de aquicultura de todo o mundo. Este tipo de comportamento levou os piscicultores a utilizar antibióticos para controlar as infecções e melhorar o estado de saúde dos peixes. No entanto, a utilização de antibióticos conduz a problemas como o aparecimento de estirpes bacterianas resistentes aos antibióticos ou a utilização incorrecta de antibióticos, levando ao abate de peixes que ainda não eliminaram completamente o antibiótico, ou a uma sobredosagem. Para evitar os problemas associados à utilização de antibióticos, foram desenvolvidos métodos alternativos capazes de manter baixos os níveis de bactérias patogénicas através da inoculação de bactérias benéficas que competem com elas pelo substrato, ataque enzimático ou local de fixação no intestino dos organismos acucolosos. A existência de uma população bem controlada destas bactérias benéficas reduz significativamente as populações de bactérias patogénicas e estimula a imunidade dos peixes, tornando desnecessário o uso de antibióticos (Bondad-Reantaso *et al.*, 2005).

Os probióticos foram originalmente descritos como organismos vivos que são adicionados a um alimento e que têm um efeito benéfico no hospedeiro através do equilíbrio intestinal que criam. Para além da descrição original, foram adicionados componentes microbiológicos não vivos e a sua área de ação foi alargada para fora do intestino do hospedeiro (Kesarcodiwatson e Kaspar, 2008).

Na aquicultura, têm sido utilizados com sucesso probióticos como as bactérias lácticas, presentes naturalmente no intestino de alguns peixes, que convertem a lactose em ácido lático, acidificando o ambiente intestinal e impedindo a colonização por outras bactérias patogénicas. Outras bactérias estudadas são as *Bacillus* spp, produtoras de bacteriocinas, que atacam as bactérias patogénicas. Entre as leveduras, a mais estudada é a *Saccharomyces cerevisiae,* que tem um efeito imunoestimulador no trato digestivo dos peixes (Kesarcodiwatson e Kaspar, 2008).

Para determinar se uma levedura ou bactéria é capaz de ser um probiótico, deve cumprir as seguintes restrições: 1) Não deve ser patogénica para o hospedeiro; 2) Deve ser aceite pelo hospedeiro e ser capaz de se replicar no hospedeiro; 3) Deve ser suficientemente resistente para atingir o local onde se pretende multiplicar; 4) Deve ser capaz de funcionar *in vivo*, bem como *in vitro*; 5) Não deve conter genes de virulência ou de resistência a antibióticos (Kesarcodiwatson e Kaspar, 2008).

Outro benefício da utilização de probióticos em dietas de aquacultura é que estes microrganismos produzem enzimas digestivas, especialmente dirigidas a compostos que os peixes não têm forma de digerir, como os hidratos de carbono complexos, ajudando assim a digestão através da libertação de moléculas mais pequenas da degradação enzimática de compostos complexos, aumentando assim a digestibilidade da ração e a sua utilização pelos peixes (Wang, 2007). **Fermentação em estado sólido**

A fermentação em estado sólido (FES) é definida como o crescimento de microrganismos em material sólido na ausência ou quase ausência de água livre, que tem sido utilizada nos últimos anos como uma solução económica para a produção em larga escala de vários metabolitos orgânicos (Bellon-Maurel *et al.*,

2003; D^az-Plascencia 2017b).

A FES é atualmente utilizada para produzir compostos de valor industrial, mas na área agrícola tem vindo a ganhar relevância graças à facilidade de fermentar resíduos agrícolas a baixo custo e de lhes conferir valor acrescentado para a alimentação animal, o que resulta em processos de produção mais limpos, menos agressivos para o ambiente e com maior rendimento económico do que os métodos tradicionais que geram toneladas de resíduos (Pandey, 2003).

Vários factores afectam a eficiência da FES, sendo um dos mais importantes a natureza do substrato utilizado, que é selecionado com base na sua abundância e facilidade de obtenção. A importância do substrato reside no facto de, para além de fornecer os substratos energéticos, fornecer o sustento para as células microbianas, pelo que a forma e o tamanho da partícula são de importância vital para o desenvolvimento adequado do sistema. Partículas pequenas proporcionam maior área de superfície para o ataque enzimático, enquanto que partículas demasiado pequenas correm o risco de aglomeração e, consequentemente, de redução do crescimento microbiano, enquanto que partículas muito grandes, embora permitam um fluxo de gás adequado e pouca aglomeração, impedem que as enzimas ataquem o interior da partícula, desperdiçando assim substrato ao dificultar a transferência de massa (Couto e Sanroman, 2006).

Outro dos factores mais importantes na realização de uma FES é o arejamento, que permite a troca de gases, principalmente oxigénio e dióxido de carbono, adicionando o primeiro e removendo o segundo, de modo a que o processo seja realizado num ambiente rico em oxigénio. O arejamento serve também para dissipar o calor, distribuir a humidade pelo sistema e remover os metabolitos voláteis. Ao gerar um arejamento adequado, o sistema manter-se-á estável, uma vez que os valores de pO2 e pCO2 permanecerão homogéneos no substrato e não haverá zonas onde as alterações das condições aeróbias modifiquem a flora que aí se desenvolve, evitando assim a contaminação por organismos estranhos à FES. A distribuição da humidade também permitirá uma aw homogénea, pelo que não haverá zonas em que as condições obriguem os microrganismos a modificar as suas condições de crescimento (Graminha *et al.*, 2008; D^az-Plascencia 2017b).

Óleo essencial de orégãos

O orégão (*Lippia berlandieri*) é uma planta silvestre das zonas áridas, pertencente à família *Verbenaceae*, utilizada na cozinha tradicional mexicana, na medicina tradicional e, nos últimos anos, na indústria para a extração do seu óleo essencial (Navarrete *et al.*, 2005).

A extração do óleo essencial de orégãos (OEO) ocorre por vários métodos e é obtida devido ao seu elevado teor de compostos antioxidantes, principalmente monoterpenos como o timol, o carvacrol e o terpineno e p-cimeno, ácidos fenólicos e flavonóides (Figura 1). Destes compostos, o timol e o carvacrol são os principais compostos em quantidade (Tabela 1), bem como em atividade microbiana, que está bem documentada contra bactérias como *Escherichia coli*, *Staphylococcus aureus*, *Bacillus cereus*, *Vibrio* sp., *Clostridium* sp., e alguns fungos como *Aspergillus*, *Penicillum* e *Geotrichum* (Renteria *et al.*, 2014).

O modo de ação dos óleos essenciais tem sido amplamente estudado, uma vez que são produtos geralmente reconhecidos como seguros (GRAS), e a sua utilização em produtos alimentares e farmacêuticos tornou-se generalizada, o que requer um amplo conhecimento do seu modo de ação. No caso dos OEA, este pode ser resumido na capacidade do timol e do carvacrol de penetrarem na membrana celular bacteriana e gerarem uma desestabilização, produzindo um defeito na força motriz dos protões, principalmente através do gradiente de pH (ApH) e do gradiente de potencial elétrico (D y), Isto impede a atividade respiratória dos microrganismos e leva à fuga de iões para o exterior da célula, gerando assim a sua inativação ou morte, dependendo do tipo de membrana que possuem e da gravidade dos danos que recebem devido às suas características (Lambert *et al.*, 2001).

O OEA tem sido utilizado como uma alternativa natural aos conservantes artificiais, dada a sua atividade antioxidante, segurança para o consumidor, capacidade antioxidante e, sobretudo, capacidade antimicrobiana (Teixeira *et al.*, 2013).

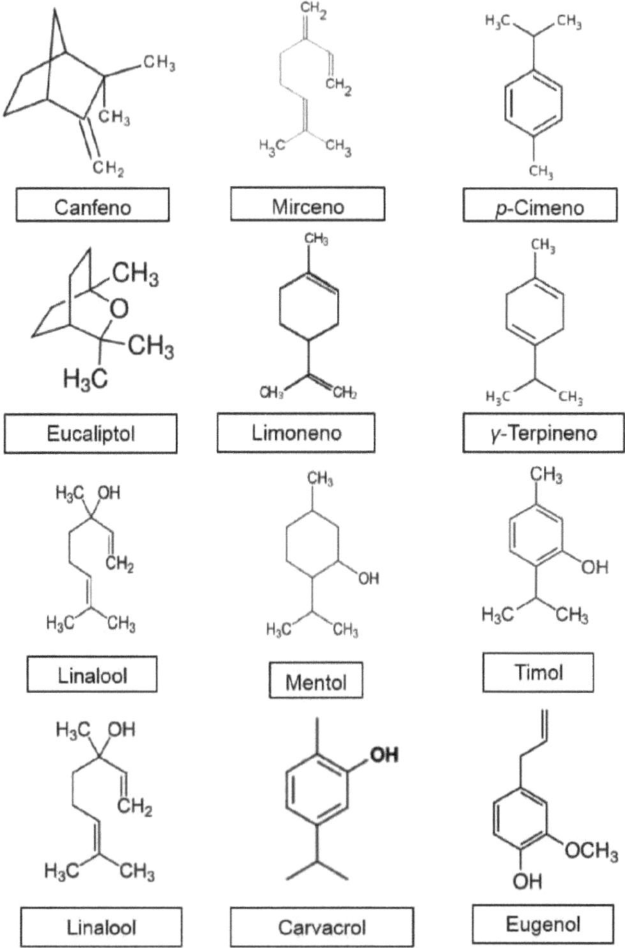

Estrutura molecular dos vários compostos presentes no óleo essencial de orégãos (*Lippia berlandieri)* ecótipo Jimenez, Chihuahua, México (Silva, 2015).

Tabela 1. Compostos identificados na cromatografia gasosa do óleo essencial de orégãos obtido a partir de plantas de orégãos da região de Jimenez, Chihuahua (Silva, 2015).

Tempo de retenção (minutos)	Composto	% de Abundância
5.737	Camphene	0.0523
7.373	Mirceno	0.1256
7.925	p-Cimeno	16.1256
8.164	Eucaliptol	0.3185
8.226	Limoneno	0.2568
9.284	y-Terpineno	5.3541
10.720	Linalol	0.2521
13.785	Mentol	0.7996
17.535	Timol	3.3796
17.741	Carvacrol	60.0488
18.665	Eugenol	0.1357
19.476	Trans-cariofileno	3.6905
	26 outros compostos minoritários	9.4608

Devido a estas propriedades, considera-se que a adição de OEA à FES de bagaço de maçã proporcionará uma defesa contra a contaminação por bactérias que consumirão os substratos e diminuirão a eficiência fermentativa das leveduras.

Zeólito

As zeólitas são materiais argilosos obtidos a partir de depósitos sedimentares. [+]Dos mais de 40 tipos de zeólitos que ocorrem naturalmente, o clinoptilolito é particularmente funcional na adsorção de compostos de azoto, especialmente NH_4. A clinoptilolite é um tipo de zeólito que apresenta uma estrutura molecular aberta, com um volume de poros de cerca de 35 % e que se encontra facilmente em depósitos minerais de todo o mundo. [+++2+]Esta caraterística é obtida graças à estrutura tridimensional dos aluminossilicatos com anéis de quatro e cinco membros, formando assim microporos capazes de albergar catiões permutáveis como o NH_4, Na , K e Ca (Leung *et al.*, 2007).

As zeólitas têm sido utilizadas pela sua capacidade de efetuar trocas catiónicas entre a sua estrutura e o meio em que estão dissolvidas. A sua estrutura química ($Na_6[(Al_2O_3)(SiO_2)_{30}p24H_2O]$) permite-lhes adsorver catiões, como o amónio, e libertá-los lentamente em função da concentração do meio em que se encontram, por diferença de concentração, modificando assim o pH do meio e evitando a perda de azoto para o ambiente, o que favorece a sua utilização (Li, 2003).

LITERATURA CITADA

Balzazar, J. L., I. de Blas, I. Ruiz-Zarzuela, D. Cunningham, D. Vendrell e J. L. Muzquiz. 2006. The role of probiotics in aquaculture. Vet. Microbiol. 114:173-186.

Bellon-Maurel, V., O. Orliac e P. Christen. 2003. Sensores e medições na fermentação em estado sólido: uma revisão. Process Biochem. 38:881-896.

Biedrzycka, E. e R. Amarowicz. 2008. Diet and Health: Apple polyphenols as antioxidants. Food Rev. Int. 24:235-251.

Bondad-Reantaso, M. G., R. P. Subasinghe, J. R. Arthur, K. Ogawa, S. Chinabut, R. Adlard, Z. Tan e M. Shariff. 2005. Disease and health management in asian aquaculture. Vet. Parasitol. 132:249-72.

Cnaani, A. e G. Hulata. 2008. GenomeMapping e genómica em peixes e animais aquáticos. GenomeMapping e Genómica em Animais. Vol. 2. p. 101 - 116.

Couto, S. R. e M. A. Sanroman. 2006. Aplicação da fermentação em estado sólido na indústria alimentar - uma revisão. J. Food Eng. 76:291-302.

D^az, D., F. Salvador, O. Ruiz, C. Arzola, A. Flores, O. La O e A. EKas. 2010. Efeito do nível de ureia e pasta de soja na concentração de proteínas durante a fermentação em estado sólido de resíduos de maçã (*Malus domestica*). Revista Cubana de Ciecia Agricola 44 23-26.

D^az-Plascencia, D. 2011. Desenvolvimento de um inóculo à base de leveduras e seu efeito na cinética de fermentação in vitro em rações para vacas Holstein de alta produção. Tese de doutoramento. Faculdade de Zootecnia e Ecologia. Universidade Autónoma de Chihuahua. Chihuahua, Chih. México.

D^az-Plascencia, D. 2017 (a). Inovação tecnológica de um aditivo para levedura de maçã. ED. Academica espanola.

D^az-Plascencia, D. 2017 (b). Manzarina em alimentos para animais. ED. Académica Espanhola.

Dong, G. F., Y. O. Yang, X. M. Song, L. Yu, T. T. Zhao, G. L. Huang, Z. J. Hu e J. L. Zhang. 2013. Efeitos comparativos da suplementação dietética com farinha de larva e farinha de soja na carpa gibel (*Carassius auratus* gibelio) e no peixe-gato darkbarbel (*Pelteobagrus vachelli*): desempenho de crescimento e respostas antioxidantes. Aquac. Nutr. doi: 10.1111/anu.12006

FAO. 2020. Actas do Simpósio Internacional sobre Sustentabilidade das Pescas: reforço do nexo ciência-política. Sede da FAO, 18-21 de novembro de 2019, Roma, Itália. Actas da Pesca e Aquicultura n.º 65. Roma. 116 pp. (também disponível em http://www.fao.org/3/ca9165 em pdf.

Gaylord, T. G., F. T. Barrows, S. D. Rawles, K. Liu, P. Bregitzer, A. Hang, D. E. Obert e C. Morris. Morris. 2009. Digestibilidade aparente de nutrientes e energia em dietas extrudidas de cultivares de cevada e trigo seleccionadas para a qualidade nutricional da truta arco-íris.

Oncorhynchus mykiss. Aquac. Nutr. 15:306-312.

Graminha, E. B. N., A. Z. L. Gonc e R. D. P. B. Pirota. 2008. Produção de enzimas por fermentação em estado sólido: Aplicação à Nutrição Animal. 144:1-22.

Hoyos, Jose L, Villada, Hector S, Fernandez, Alejandro, & Ortega-Toro, Rodrigo (2017). Parâmetros de qualidade e metodologias para determinar as propriedades físicas de alimentos extrudados para peixes. Informacion tecnologica, 28(5), 101-114.

https://dx.doi.org/10.4067/S0718-07642017000500012.

Idenyi JN, Eya JC, Nwankwegu AS e Nwoba EG 2022. Sustentabilidade da aquacultura através de ingredientes alimentares alternativos: produtos de valor acrescentado de microalgas. Engineering Microbiology: 100049. https://doi.org/10.1016/J. ENGMIC.2022.100049.

Joshi, V. K. e D. K. Sandhu. 1996. Preparação e avaliação de um subproduto para alimentação animal produzido por fermentação em estado sólido de bagaço de maçã. Bioresour. Technol. 56:251255.

Kesarcodiwatson, A. e H. Kaspar. 2008. Probióticos em aquacultura: A necessidade, princípios e mecanismos de ação e processos de rastreio. Aquaculture 274:1-14.

Lambert, R. J. W., P. N. Skandamis, P. J. Coote, e G. J. E. Nychas. 2001. A study of the minimum inhibitory concentration and mode of action of oregano essential oil, thymol and carvacrol. J. Appl. Microbiol. 91:453-462.

Leung, S., S. Barrington, Y. Wan, X. Zhao e B. El-Husseini. 2007. Zeolite (clinoptilolite) como aditivo alimentar para reduzir o conteúdo mineral do estrume. Bioresour. Technol. 98:3309-3316.

Li, Z. 2003. Utilização de zeólito modificado com surfactante como transportador de fertilizante para controlar a libertação de nitrato. Microporous Mesoporous Mater. 61:181-188.

Liu, X. Y., Y. Wang e W. X. X. Ji. 2011. Crescimento, utilização de alimentos e composição corporal do peixe-gato asiático (*Pangasius hypophthalmus*) alimentado com diferentes níveis de proteínas e lípidos na dieta. Aquac. Nutr. 17:578-584.

Lovell, R. T. 1991. Nutrição de espécies aquícolas. R T Lovell. J. Anim. Sci. 69:4193-4200.

Navarrete, J. L. B., B. C. L. Jimenez e B. E. Bautista. E. Bautista. 2005. Enraizamento sazonal de orégãos (*Lippia berlandieri* Schawer). Rev. Chapingo Ser. Zo. Aridas 4:25-30.

Pandey, A. 2003. Fermentação em estado sólido. Biochem. Eng. J. 13:81-84.

Renteria, P. M., R. R. Herrera, C. N. Aguilar e G. V. Nevarez-Moorillon. 2014. Efeito microbiológico dos resíduos fermentados de orégão mexicano (*Lippia berlandieri* Schauer). Valorização de Resíduos e Biomassa 5:57-63.

SAGARPA e CONAPESCA. 2012. Anuario estadistico de acuacultura y pesca 2011.

SAGARPA. 2009. Monitor Agro-económico 2009 do estado de Chihuahua.

Scalbert, A. e C. Manach. 2005. Polifenóis dietéticos e a prevenção de doenças. Crit. Rev. Food Sci. Nutr. 45:287-306.

Secretaria da Saúde. 1995. Norma oficial mexicana NOM-092-SSA1-1994 Bens e serviços. Método de contagem de bactérias aeróbias numa placa.

Shaeffer, T. W., M. L. Brown, e K. A. Rosentrater. 2009. A. Rosentrater. 2009. Características de desempenho da tilápia do Nilo alimentada com dietas que contêm níveis graduais de grãos secos de destiladores à base de combustível com solúveis. J. Aquac. Feed Sci. Nutr. 4:78-83.

Silva-Vazquez, R. 2015. Óleo essencial de orégano mexicano (*Lipia berlandieri* Schauer) na alimentação de frangos de corte. Tese de doutorado. Faculdade de Zootecnia e Ecologia. Universidade Autónoma de Chihuahua. Chihuahua, Chih. México.

Teixeira, B., A. Marques, C. Ramos, C. Serrano, O. Matos, N. R. Neng, J. M. F.

Nogueira, J. A. Saraiva e M. L. Nunes. 2013. Composição química e bioatividade de diferentes extractos e óleo essencial de orégãos (*Origanum vulgare*). J. Sci. Food Agric.

Thiessen, D. L., G. L. Campbell e P. D. Adelizi. 2003. Digestibilidade e desempenho de crescimento de juvenis de truta arco-íris (*Oncorhynchus mykiss*) alimentados com produtos de ervilha e canola. Aquac. Nutr. 9:67-75.

Wang, Y., J. Li e J. Lin. 2008. Probióticos em aquacultura: desafios e perspectivas. Aquaculture 281:1-4.

Wang, Y.-B. 2007. Effect of probiotics on growth performance and digestive enzyme activity of the shrimp *Penaeus vannamei* (Efeito dos probióticos no desempenho do crescimento e na atividade das enzimas digestivas do camarão *Penaeus vannamei*). Aquaculture 269:259-264.

Yamashita, Y., T. Katagiri, N. Pirarat, K. Futami, M. Endo e M. Maita. 2009. O antioxidante sintético, etoxiquina, afecta negativamente a imunidade da tilápia (*Oreochromis niloticus*). Aquac. Nutr. 15:144-151.

UTILIZAÇÃO DE DOIS ADITIVOS ANTIMICROBIANOS NATURAIS NA FERMENTAÇÃO EM ESTADO SÓLIDO DO BAGAÇO DE MAÇÃ

RESUMO

UTILIZAÇÃO DE DOIS ADITIVOS ANTIMICROBIANOS NATURAIS NA FERMENTAÇÃO
EM ESTADO SÓLIDO DO BAGAÇO DE MAÇÃ

Foi avaliado o efeito antimicrobiano do óleo essencial de orégãos e da zeólita na fermentação em estado sólido (SSF) do bagaço de maçã. Foram utilizados 5 % de zeólito clinoptilolite (ZEO), 0,1 % de óleo essencial de orégãos (AEO) e ambos (ZXA) contra o método tradicional de caldo de melaço adicionado com ureia, sulfato de amónio e minerais como controlo (CTL). Houve três réplicas por tratamento em tanques de 1 litro, com amostragem às 0, 6, 12, 24, 48, 72 e 96 h. As variáveis avaliadas foram a contagem microbiana, a taxa de crescimento microbiano, a taxa de crescimento microbiano e a taxa de crescimento microbiano. As variáveis avaliadas foram a contagem de placas microbianas, o pH e a contagem de leveduras com câmara de Neubauer. Os dados foram analisados com um modelo de médias repetidas ao longo do tempo e comparação de médias múltiplas. [66]O crescimento máximo de leveduras foi obtido às 48 h em ZXA (462 x10 células/g), enquanto que em CTL às 96 h (470,5 x10 células/g), reduzindo o tempo de fermentação e optimizando o processo. [666]A contagem de bactérias aeróbias foi menor (p<0,01) às 48 h, passando de 0,70 x10 x10 UFC/g no CTL para 0,25 x10 UFC/g no ZXA, tendo o AEO registado a menor contagem bacteriana (0,11 x10 UFC/g). O pH foi mais alto (p<0,01) em ZEO (4,80) e ZXA (4,62), versus CTL (4,06) e AEO (4,03). Conclui-se que a utilização de ambos os aditivos proporciona vantagens microbiológicas sobre o processo tradicional de FES, diminuindo o tempo de fermentação e evitando a contaminação bacteriana, garantindo um processo livre de contaminantes microbiológicos.

INTRODUÇÃO

A humanidade enfrenta atualmente o desafio de produzir alimentos suficientes para sustentar o enorme crescimento populacional que se tem verificado nos últimos anos. No entanto, isso levou a uma colheita mais intensiva, à procura de raças de animais mais eficientes e, sobretudo, à produção de mais resíduos na produção de alimentos para a população. O estado de Chihuahua é o principal produtor nacional de maçãs, com 43,1 % da área plantada nacional e 73,7 % da produção total, produzindo 370.040,20 toneladas por ano (SAGARPA, 2014), com as quais se pode estimar que um quarto deste valor é de maçãs residuais que não cumprem as normas de qualidade. Este resíduo, juntamente com os subprodutos gerados pela indústria de processamento de maçã, gera resíduos, principalmente bagaço de maçã, representando 25 a 30 % do peso da fruta fresca, o que representa um grave problema de poluição, pois é altamente biodegradável e altera significativamente o ambiente em que é descartado graças ao seu alto teor de carboidratos, ácidos, fibras, vitamina C e minerais (Joshi e Sandhu, 1996).

Graças ao baixo teor de azoto do bagaço de maçã, a sua inclusão nas dietas dos animais tem sido difícil, situação que torna imperativo o desenvolvimento de técnicas que permitam o seu consumo e reduzam o impacto ambiental que gera. Assim, uma das alternativas mais bem sucedidas tem sido a fermentação em estado sólido (FES) do bagaço, adicionado com azoto ureico e misturas de vitaminas e minerais que permitem o desenvolvimento de leveduras, que para além de degradarem a fibra, podem fornecer proteína de origem microbiana, ou seja, suplementar a baixo custo proteína de elevada qualidade (Dhillon *et al.*, 2013).

Na fermentação em estado sólido, os parâmetros físico-químicos devem ser controlados para evitar a contaminação, uma vez que o bagaço de maçã fornece um meio com elevada humidade e uma grande quantidade de hidratos de carbono disponíveis (Castillo *et al.*, 2011).

Isto levanta a opção de utilizar subprodutos através da FES para manter um ambiente microbiológico adequado, reduzir a contaminação microbiológica, mas sem perturbar o desenvolvimento de leveduras fermentativas.

O óleo essencial de orégãos (OEO) tem sido utilizado como uma alternativa natural aos conservantes artificiais, dada a sua atividade antioxidante, segurança, capacidade antioxidante e, sobretudo, a sua capacidade antimicrobiana (Teixeira *et al.*, 2013). Graças a estas propriedades, considera-se que a adição de OEO à FES de bagaço de maçã proporcionará uma defesa contra a contaminação por bactérias que irão consumir os substratos e diminuir a eficiência fermentativa das leveduras.

As zeólitas são materiais argilosos obtidos a partir de depósitos sedimentares. [+]Dos mais de 40 tipos de zeólitos que ocorrem naturalmente, o clinoptilolito é particularmente funcional na adsorção de compostos de azoto, especialmente NH_4. A clinoptilolite é um tipo de zeólito que apresenta uma estrutura molecular aberta, com um volume de poros de cerca de 35 % e que se encontra facilmente em depósitos minerais de todo o mundo. [+++2+]Esta caraterística é obtida graças à estrutura tridimensional dos aluminossilicatos com anéis de quatro e cinco membros, formando assim microporos capazes de albergar catiões permutáveis como o NH_4, Na , K e Ca (Leung *et al.*, 2007).

Assim, o objetivo deste trabalho foi avaliar o efeito microbiológico da adição de zeólito micronizado e óleo essencial de orégãos à fermentação em estado sólido do bagaço de maçã, bem como determinar o efeito adsorvente do zeólito nos compostos azotados da maçã.

A experiência foi realizada numa estufa da Faculdade de Zootecnia e Ecologia da Universidade Autónoma de Chihuahua, onde o bagaço de maçã foi mantido em recipientes de plástico de um litro de capacidade, aos quais foram adicionados ureia e sulfato de amónio como fonte de azoto e um suplemento mineral para fornecer os nutrientes necessários para o crescimento da levedura (tratamento de controlo).

A matéria-prima utilizada foi o bagaço de maçã da CONFRUTTA, uma empresa dedicada à produção de sumo de maçã de Ciudad Cuauhtemoc, Chihuahua, utilizando maçãs Golden Delicious.

O tratamento de controlo consistiu em bagaço de maçã sem aditivos, enquanto o tratamento AEO foi adicionado com 0,1% de óleo essencial de orégãos (AEO) , 0,1% de óleo essencial de orégãos (AEO)   , 0,5% de óleo essencial de orégãos (AEO) e 0,5% de óleo essencial de orégãos (AEO).

O tratamento ZEO foi complementado com 5 % de zeólito micronizado e, finalmente, o tratamento ZXA incluiu tanto o óleo essencial de orégãos como o zeólito, com três réplicas por tratamento, como se mostra no quadro 2.

[3]A zeólita utilizada foi obtida comercialmente, numa mina em San Luis Potos^ México, com uma porosidade de 45 a 52 %, densidade de 700 a 850 kg/m , dureza de 2 a 3 Mohs, capacidade de absorção de água de 42 a 50 %, poros de 4 a 7 A e um ponto de fusão de 1300 °C. A composição garantida do zeólito pelo fornecedor é apresentada no quadro 3.

Uma vez feita a mistura, esta foi homogeneizada e foram efectuadas quatro agitações manuais por dia, agitando completamente o produto para gerar uma oxigenação adequada durante quatro dias. As amostras foram recolhidas às 0, 6, 12, 12, 24, 48, 72 e 96 h para a contagem de leveduras, e às 0, 48 e 96 h para a contagem de bactérias.

Quadro 2: Formulações dos tratamentos FES com bagaço de maçã

Tratamento[1]	Ureia %	Sulfato de		Suplemento	Zeolite %	AEO %
	Ureia	amónio	%	mineral %	Zeolite	AEO %
		amónio	%	Suplemento		AEO %
		amónio	%	mineral %		AEO %
		amónio	%	Suplemento		AEO %
		amónio		mineral %		AEO %
				Suplemento		AEO %
				mineral %		AEO
				Suplemento		
				mineral %		
				Suplemento		
				mineral %		
				Suplemento		
				mineral %		
				Suplemento		
				mineral		
1.- Controlo	2.0	0.4		1.0	-	-

2 - ZEO	2.0	0.4	1.0	5.0	-
3 - OEA	2.0	0.4	1.0	-	0.1
4 - ZXA	2.0	0.4	1.0	5.0	0.1

[1] ZEO indica o tratamento com 5 % de zeólito, AEO o tratamento com 0,1 % de óleo essencial de orégãos e ZXA o tratamento com ambos (5 e 0,1 %, respetivamente).

Tabela 3.- Composição química do zeólito clinoptilolita[1]

Composto	Concentração % Concentração % Concentração % Concentração
Óxido de silício (SiO_2)	67.9
Óxido de alumínio ($AteOa$)	13.7
Óxido de potássio (K_2O)	4.7
Óxido de sódio (Na_2O)	2.2
Óxido de cálcio (CaO)	1.7
Óxido férrico (Fe_2Oa)	1.8
Óxido de magnésio (MgO)	1.8

[1] Análise fornecida pelo laboratório de análises químicas do Instituto de Metalurgia da U.A.S.L.P.

Variáveis avaliadas

Contagem bacteriana. A contagem microbiológica foi efectuada de acordo com a Norma Oficial Mexicana NOM-092-SSA1-1994 Método para a contagem de bactérias aeróbias numa placa. Foram colhidas cinco amostras de diferentes locais da FES, homogeneizadas, um grama foi retirado, diluído 6 vezes no meio diluente e inoculado em cada placa de Petri, fazendo todas as amostras em triplicado. Depois de inocular as diluições das amostras nas placas de Petri, adicionar 12 a 15 ml do meio de pérolas padrão preparado, misturar com 6 movimentos da direita para a esquerda, 6 no sentido dos ponteiros do relógio, 6 no sentido contrário ao dos ponteiros do relógio e 6 para a frente e para trás, numa superfície lisa e horizontal, até se conseguir a incorporação completa do inóculo no meio e deixar solidificar. Inclui-se uma caixa sem inóculo para cada meio e diluente preparado como controlo de esterilidade. As caixas são incubadas numa posição invertida a 35 ± 2 °C durante 48 ± 2 horas.

Na leitura, são seleccionadas placas com 25 a 250 CFU e são contadas todas as colónias desenvolvidas nas placas seleccionadas. Após a incubação, as placas no intervalo de 25 a 250 colónias são contadas utilizando o contador de colónias e o registador. A contagem média por grama da diluição é calculada.

Leveduras. A contagem de leveduras foi efectuada por contagem simples em câmara de Neubauer melhorada, pelo método descrito por D^az-Plascencia (Diaz-Plascencia, 2011), onde se retirou uma amostra de 1 g do produto, que foi levada a diluições seriadas em solução tampão fosfato, e depois colocada numa câmara de Neubauer, para a contagem das leveduras (individuais ou em gelificação) nos quatro quadrantes da estria. A partir destes dados, calcula-se a quantidade de leveduras por grama de fermento de bagaço de maçã.

pH. O pH foi medido ao longo da experiência com um potenciómetro digital Hanna, que foi esterilizado por imersão em álcool, seco e imerso no caldo para efetuar a medição, de acordo com as instruções do fabricante.

Atividade antioxidante. Para determinar a atividade antioxidante do bagaço de maçã fermentado, foi utilizado o método DPPH (1, 1-difenil-2-picrilhidrazólio) segundo Ajila, (Ajila *et al.*, 2011), para o qual misturou o extrato de bagaço de maçã fermentado (200 p.l) com 1 mL da solução DPPH. Depois de homogeneizado em vórtex, foi deixado a reagir durante 20 minutos na escuridão total. $_s$A absorvância foi lida a 517 nm, com a qual a atividade de eliminação de radicais livres em percentagem foi calculada com a equação (% de atividade de eliminação) = 1 - (A $_{/Ao}$) x 100, em que $_{Ao}$ é a absorvância do controlo e As é a absorvância da amostra.

Proteína. A variável proteína foi determinada segundo a metodologia de Fagbenro, que utilizou o método de precipitação com ácido tricloroacético para determinar a proteína verdadeira e discerni-la do azoto não proteico (Fagbenro e Jauncey, 1998).

Análise estatística

Os dados obtidos foram analisados através de um modelo de médias repetidas no tempo, utilizando o procedimento Mixed do SAS 9.1.6 (SAS, 2006) e a comparação de médias foi efectuada através do Least Square Means, do mesmo pacote de software.

RESULTADOS E DISCUSSÃO

Um efeito significativo (P < 0,01) da inclusão de OEA e Zeolite clinoptilolite foi encontrado para a variável de bactérias aeróbias mesófilas no FES de bagaço de maçã, diminuindo a contagem bacteriana em relação ao controlo na hora 48 e criando uma diferença significativa entre os tratamentos que continham OEA em relação aos que não continham (P < 0,01) na hora 96. Estes resultados podem ser explicados pelo efeito antimicrobiano do OEA, com uma diminuição do número total de bactérias devido à atividade antibacteriana do timol e do carvacrol contidos no OEA, o que é consistente com o trabalho de Lambert *et al.* (2001), que inibiu o crescimento bacteriano com concentrações de 5% de timol no OEA.

Verificou-se também uma interação entre os tratamentos e o tempo (P < 0,01), pelo que se pode dizer que, à medida que as bactérias se desenvolvem na FES de bagaço de maçã, são afectadas pela presença de AEO ou ZEO, de modo que o seu número é reduzido em comparação com o tratamento de controlo.

Às 48 h de fermentação, a diferença entre os tratamentos Controle e ZEO, em relação aos outros dois contendo OEA, é claramente observada (Gráfico 1), o que indica que, no momento de máximo crescimento bacteriano, estes são significativamente inibidos pelo OEA (P < 0,01). Este efeito do OEA é observado durante toda a fermentação, deixando claro o efeito inibitório do OEA sobre as bactérias mesófilas aeróbias.

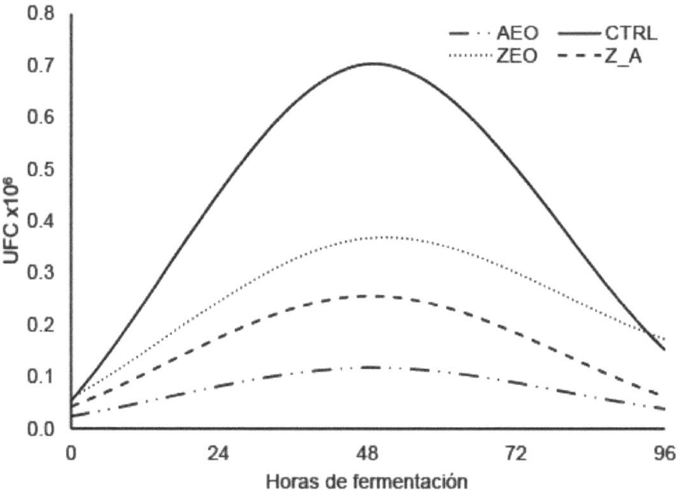

[6]Médias dos mínimos quadrados da contagem total de bactérias aeróbias mesófilas (UFC x10) no FES de bagaço de maçã adicionado com AEO e ZEO.

As leveduras quantificadas apresentaram a multiplicação caraterística destes microrganismos, condizente com os crescimentos apresentados por outros autores (DiazPlascencia, *et al.*, 2012) e observa-se no tempo 0 da FES que há um efeito significativo (P < 0,01) pela adição dos tratamentos, observando-se uma diminuição significativa na quantidade de leveduras (Tabela 4), assim fica claro que tanto a Zeólita quanto o OEA têm efeito sobre a contagem de leveduras.

Nas primeiras 24 horas, observa-se um fraco crescimento de leveduras no tratamento ZXA (P < 0,01) em relação aos outros tratamentos, recuperando às 48 horas, onde este tratamento apresenta a contagem de leveduras mais elevada, comparável apenas à contagem final do tratamento de controlo. Isto pode indicar uma utilização adequada dos substratos rápidos presentes no bagaço de maçã e uma exaustão subsequente destes substratos, uma vez que a partir deste ponto de inflexão, a contagem de leveduras do tratamento ZXA diminui acentuadamente. Os três tratamentos apresentam o seu pico máximo de crescimento de leveduras às 48 h, e a partir deste ponto há um decréscimo na contagem, enquanto o controlo apresenta a contagem mais elevada às 96 h.

No final da experiência, pode ser encontrada uma diferença significativa entre o tratamento de controlo e os outros, com o controlo a ter uma contagem mais elevada, seguido pelo tratamento com ZEO, que a partir das 48 horas estabilizou o seu crescimento e manteve a sua contagem relativamente estável. No entanto, os dois tratamentos contendo OEA tiveram uma diminuição significativa na sua população de leveduras, evidenciando o poder antimicrobiano do OEA (Lambert *et al.*, 2001).

[6]Tabela 4.- Médias dos mínimos quadrados (±EE) da contagem total de leveduras (Levedura x10 /g) na FES do bagaço de maçã adicionado com AEO e ZEO. [1,2]

Tempo de fermentação, h	Tratamento[123]				±EE
	Controlo	ZEO	AEO	ZXA	
0	40.00[a]	18.50[b]	25.50[b]	27.00[b]	3.04
	94.00[a]	37.50[b]	37.00[b]	34.00[b]	4.26
	111.50a	96.00[b]	106.50[ab]	45.00[c]	2.76
	152.00a	143.50a	159.50a	74.50[b]	7.53
48	362.00[b]	339.5.00[b]	384.50[b]	462.00a	14.83
	447.00a	337.00[b]	247.50[c]	273.00[c]	14.22
	470.50a	326.50[b]	281.00[bc]	247.50[c]	17.25

A medição do pH durante a experiência mostra que existe um efeito da zeólita na manutenção de um pH mais elevado, uma vez que os dois tratamentos que incluem zeólita têm um pH significativamente mais elevado do que os outros tratamentos (P < 0,01). O efeito da zeólita pode ser claramente apreciado, pois mantém um pH estável desde o momento em que é adicionada à FES, uma vez que a sua atividade reguladora do pH está presente desde a h 0 de fermentação, separando estatisticamente os tratamentos ZEO e ZXA daqueles que não contêm zeólita na sua

---

[1] Letras diferentes entre colunas indicam diferença significativa (P < 0,01).
[2] Os literais diferem entre linhas.
[3] ZEO indica o tratamento com 5 % de zeólito, AEO o tratamento com 0,1 % de óleo essencial de orégãos e ZXA o tratamento com ambos (5 e 0,1 %, respetivamente).

formulação (P < 0,01). O gráfico 2 mostra a flutuação do pH que ocorreu nos tratamentos AEO e Controlo durante as primeiras 24 h, pelo que é evidente o efeito da adsorção de amónio no pH do zeólito. Estes resultados são semelhantes aos apresentados por outros autores, uma vez que explicam a capacidade da zeólita para adsorver moléculas de amónio e outros iões, regulando assim o pH em benefício do sistema microbiológico (Forte e Maugeri, 2007; Kardaya *et al.*, 2012).

A atividade antioxidante do bagaço de maçã fermentado aumentou com o passar do tempo de fermentação (Figura 3), dobrando sua atividade de 6,44 para 12,43 %, o que está de acordo com o apresentado por Ajila *et al.* (2011), uma vez que o aumento da capacidade antioxidante pode ser demonstrado por dois efeitos principais: como a fermentação é realizada no estado sólido, o substrato é agitado para arejar, o que quebra os caules, sementes e células da maçã, libertando compostos antioxidantes; por outro lado, o mesmo crescimento de leveduras faz com que as enzimas destas digiram paredes celulares, membranas e libertem compostos com atividade antioxidante dos tecidos da maçã.

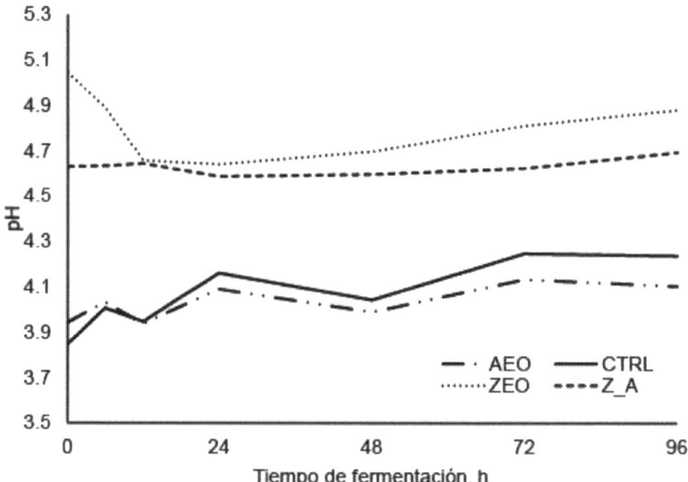

Médias dos mínimos quadrados do pH da FES do bagaço de maçã adicionado com AEO e ZEO.

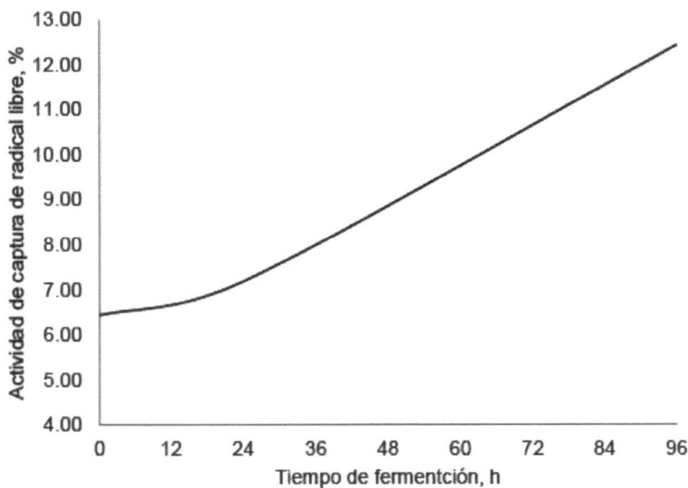

Atividade de captura de radicais livres em percentagem de bagaço de maçã fermentado.

Os resultados de proteína verdadeira mostram que houve um aumento de proteína verdadeira durante o curso da fermentação, quase dobrando o teor de proteína no produto final. Apesar de terem um comportamento semelhante, na última fase da fermentação foi possível diferenciar perfeitamente os tratamentos (P < 0,05) às 72 e 96 horas (Tabela 5), diferenciando perfeitamente o controlo dos restantes tratamentos. A concentração máxima de proteínas na fermentação ocorreu na hora 48 para todos os tratamentos, com exceção do controlo, onde esteve presente até à hora 96. Este trabalho está de acordo com o trabalho de Bhalla e Joshi (1994), que, utilizando estirpes controladas de *Saccharomyces,* conseguiram concentrações proteicas até 30 %, mas os resultados foram inferiores aos de Pirmohammadi *et al.* (2006), que conseguiram obter concentrações proteicas até 40,1 %, embora neste trabalho não tenham sido utilizados aditivos de outras fontes de carbono, como no trabalho acima referido.

A partir das curvas de crescimento geradas a partir das contagens de bactérias e leveduras, pode concluir-se que, às 48 h, os substratos rapidamente metabolizados, como os hidratos de carbono simples, estão esgotados, uma vez que se observa uma diminuição acentuada da taxa de crescimento, bem como do número de leveduras e bactérias, pelo que se entende que os microrganismos são forçados a utilizar outros substratos como fonte de energia para o seu desenvolvimento.

Tabela 5.- Proteína verdadeira ao longo do tempo da FES de bagaço de maçã adicionado com AEO e ZEO [1,2]

Tempo de fermentação (h)	Tratamento[4 5 6]				±EE
	AEO	AXZ	Controlo	ZEO	
0	18.51[ab]	18.74[a]	18.10[b]	18.60[ab]	0.1333
	18.73[a]	19.10[a]	18.72[a]	19.09[a]	0.1219
	20.15[a]	19.32[b]	19.20[b]	20.15[a]	0.1778
	22.65[a]	19.94[b]	23.13[a]	22.57[a]	0.1851
48	30.49[a]	30.81[a]	30.47[a]	30.25[a]	0.2822
	29.21[c]	28.66[c]	33.83[a]	30.26[b]	0.1466
	29.23[c]	28.78[c]	34.42[a]	30.74[b]	0.2445

No tratamento de controlo não se observou este ponto de inflexão, pelo que ao observar o declive do tratamento de controlo, verifica-se que o crescimento foi mais lento, pelo que o ponto de inflexão, que é quando se esgotam os substratos de metabolização rápida, ocorre até às 72 h, pelo que se estabelece que é menos eficiente, pois às 96 h tem uma contagem de leveduras de $470.^{66}5$ x10 /g, equivalente à do tratamento ZXA às 48 h (462 x10 /g), pelo que com a adição de Zeólito e Óleo Essencial de Orégãos o resultado é obtido em menos tempo, melhorando o processo.

Observou-se também que o aspeto dos tratamentos que incluíam zeólito era muito mais seco e terroso do que os outros, graças às características químicas do zeólito, uma vez que tinha um efeito de secagem, adsorvendo água e limitando o crescimento de microrganismos ao diminuir a atividade da água na FES, uma situação que afecta facilmente as bactérias, mas as leveduras conseguem resistir melhor. Este efeito pode ser observado no menor desenvolvimento nas primeiras horas, uma vez que os tratamentos com zeólito tiveram um desenvolvimento microbiológico mais lento em comparação com os outros tratamentos.

---

[4] Letras diferentes entre colunas indicam diferença significativa (P < 0,01).
[5] Os literais diferem entre linhas.
[6] ZEO indica o tratamento com 5 % de zeólito, AEO o tratamento com 0,1 % de óleo essencial de orégãos e ZXA o tratamento com ambos (5 e 0,1 %, respetivamente).

Conclui-se que a adição da fermentação em estado sólido do bagaço de maçã com zeólito e óleo essencial de orégãos proporciona vantagens produtivas em relação ao tratamento de controlo, uma vez que o desenvolvimento máximo da levedura é alcançado num período de tempo mais curto com a adição do AEO e do zeólito clinoptilolite, em comparação com o tratamento de controlo, o que permite um processo mais rápido, mais seguro e mais estável.

Conclui-se que a adição de óleo essencial de orégãos provoca uma diminuição da contagem de bactérias mesófilas aeróbias na fermentação em estado sólido, evitando a contaminação bacteriana.

A adição de óleo essencial de orégãos e de zeólito não afectou a produção de proteínas verdadeiras, pelo que a eficiência da fermentação em estado sólido não foi reduzida. Conclui-se também que os valores de pH permaneceram constantes nos tratamentos que continham zeólito, pelo que o zeólito tem um efeito regulador do pH como tampão.

LITERATURA CITADA

Ajila, C. M., F. Gassara, S. K. Brar, M. Verma, R. D. Tyagi e J. R. Valero. 2011. Mobilização de antioxidantes polifenólicos em bagaço de maçã por diferentes métodos de fermentação em estado sólido e avaliação da sua atividade antioxidante. Food Bioprocess Technol. 5:2697-2707.

Bhalla, T. C. e M. Joshi. 1994. Enriquecimento proteico do bagaço de maçã por co-cultura de bolores celulolíticos e leveduras. World J. Microbiol. Biotechnol. 10:116-7.

Castillo, Y., O. Ruiz, C. Angulo, C. Rodriguez, A. EKas e O. La O. 2011. Inclusão de resíduos de panificação em alguns metabólitos e indicadores bromatológicos da fermentação em estado sólido do bagaço de maçã. Revista Cubana de Ciências Agrárias. 45 141-144.

D^az-Plascencia, C. Rodriguez-Muela e P. Mancillas-Flores. 2012. Fermentação in vitro de cato forrageiro com inóculo de levedura Kluyveromyces lactis obtido a partir de resíduos de maçã. Rev. Electron. Vet. 13:1-11.

D^az, D., F. Salvador, O. Ruiz, C. Arzola, A. Flores, O. La O e A. EKas. 2010. Efeito do nível de ureia e pasta de soja na concentração de proteínas durante a fermentação em estado sólido de resíduos de maçã (*Malus domestica*). Revista Cubana de Ciecia Agricola 44 23-26.

D^az-Plascencia, D. 2011. Desenvolvimento de um inóculo à base de leveduras e seu efeito na cinética de fermentação in vitro em rações para vacas Holstein de alta produção. Tese de doutoramento. Faculdade de Ciência Animal e Ecologia. Universidade Autónoma de Chihuahua. Chihuahua, Chih. México.

Fagbenro, O. e K. Jauncey. 1998. Propriedades físicas e nutricionais de pellets de silagem de peixe fermentada húmida como suplemento proteico para a tilápia (*Oreochromis niloticus*). Anim. Feed Sci. Technol. 71:11-18.

Forte, M. e F. Maugeri. 2007. Purificação do ácido clavulânico do caldo de fermentação utilizando zeólitos. J. Biotechnol. 131:S191.

Joshi, V. K. e D. K. Sandhu. 1996. Preparação e avaliação de um subproduto para alimentação animal produzido por fermentação em estado sólido de bagaço de maçã. Bioresour. Technol. 56:251 - 255.

Kardaya, D., D. Sudrajat e E. Dihansih. 2012. Dihansih. 2012. Eficácia da zeólita impregnada de ureia na dieta na melhoria das características de fermentação ruminal do cordeiro local. Indonésia. J. Anim. Sci. Technol. 35:207-213.

Lambert, R. J. W., P. N. Skandamis, P. J. Coote, e G. J. E. Nychas. 2001. A study of the minimum inhibitory concentration and mode of action of oregano essential oil, thymol and carvacrol. J. Appl. Microbiol. 91:453-462.

Leung, S., S. Barrington, Y. Wan, X. Zhao e B. El-Husseini. 2007. Zeolite (clinoptilolite) como aditivo alimentar para reduzir o conteúdo mineral do estrume. Bioresour. Technol. 98:3309-3316.

Pirmohammadi, R., Y. Rouzbehan, K. Rezayazdi e M. Zahedifar. 2006. Composição química, digestibilidade e degradabilidade in situ do bagaço de maçã seco e ensilado e da silagem de milho. Small Rumin. Res. 66:150-155.

SAGARPA. 2009. Monitor Agro-económico 2009 do estado de Chihuahua.

SAS Institute, Inc (2006) SAS/STAT users guide: Statics Version 9 Cary, North Carolina. U.S.A.

Secretaria da Saúde. 1995. Norma oficial mexicana NOM-092-SSA1-1994 Bens e serviços. Método de contagem de bactérias aeróbias numa placa.

Teixeira, B., A. Marques, C. Ramos, C. Serrano, O. Matos, N. R. Neng, J. M. F. Nogueira, J. A. Saraiva e M. L. Nunes. 2013. Composição química e bioatividade de diferentes extractos e óleo essencial de orégãos (*Origanum vulgare*). J. Sci. Food Agric.

- UTILIZAÇÃO DE DOIS ADITIVOS ANTIMICROBIANOS NATURAIS NA PRODUÇÃO DE UM INÓCULO DE LEVEDURA PROBIÓTICA

RESUMO

UTILIZAÇÃO DE DOIS ADITIVOS ANTIMICROBIANOS NATURAIS NA
PRODUÇÃO DE
UM INÓCULO DE LEVEDURA PROBIÓTICA

O objetivo do presente trabalho foi avaliar o efeito antimicrobiano do óleo essencial de orégano (OEO) na produção de leveduras probióticas pelo método de crescimento em caldos de melaço, bem como medir o efeito tamponante do pH da zeólita. Foi preparado um sistema de recipientes de plástico com os caldos de melaço inoculados com *Kluyveromyces lactis*, que foram arejados, a uma temperatura de 25 ± 0,5 °C, e foram efectuadas medições de pH, contagem de bactérias mesófilas aeróbias e de leveduras por ml de caldo. [444]Determinou-se que os caldos com OEA tinham uma contagem bacteriana mais baixa (1,1x10 UFC/mL) do que o controlo (1,6x10 UFC/mL), enquanto os tratamentos que incluíam zeólito eram significativamente mais baixos (1,0x10 UFC/mL). [77]No que diz respeito às leveduras, estas desenvolveram-se no tratamento com OEA, obtendo a sua concentração máxima às 72 horas (3,99x10 leveduras/mL), mas mantendo-se abaixo do tratamento de controlo (5,2x10 leveduras/mL). A zeólita, devido à sua capacidade de captar compostos azotados, impede a biodisponibilidade para o crescimento microbiano, afectando as bactérias e as leveduras, diminuindo assim o rendimento dos caldos. Conclui-se que a inclusão de AEO acrescenta benefícios antioxidantes e antimicrobianos para os hospedeiros. Assim, obtém-se um probiótico barato, rico em leveduras, rico em antioxidantes e seguro.

INTRODUÇÃO

Os meios líquidos de fermentação ou a fermentação sólida submersa são sistemas utilizados há muitos anos, destacando-se pela sua versatilidade em termos de manuseamento e rendimento do produto, ao contrário dos sistemas de fermentação sólida, onde é difícil controlar todas as variáveis tão facilmente como nos caldos (Krishna, 2005).

As leveduras são organismos unicelulares que se encontram em quase todo o planeta, sendo naturalmente disseminadas pelo ar, água e alimentos, pelo que é natural a sua presença no trato gastrointestinal das espécies aquáticas. Estudos sobre estes microrganismos têm verificado que são benéficos para os organismos aquáticos, pois possuem componentes, como os p-glucanos, que são utilizados como imunoestimulantes e, mais recentemente, tem sido estudada a sua utilização como agentes probióticos em dietas para peixes (Gatesoupe, 2007; Abdel-Tawwab *et al.*, 2008).

O óleo essencial de orégãos (OEO) tem sido utilizado como uma alternativa natural aos conservantes artificiais, dada a sua atividade antioxidante, segurança, capacidade antioxidante e, acima de tudo, a sua capacidade antimicrobiana. Graças a estas propriedades, considera-se que a adição de OEO aos caldos à base de melaço e de ureia para o crescimento de leveduras proporcionará uma defesa contra a contaminação por bactérias que consumiriam os substratos e poderiam diminuir a eficiência produtiva das leveduras (Teixeira *et al.*, 2013).

As zeólitas são materiais argilosos obtidos a partir de depósitos sedimentares. $^{+}$Dos mais de 40 tipos de zeólitos que ocorrem naturalmente, o clinoptilolito é particularmente funcional, uma vez que tem a capacidade de adsorver compostos azotados, especialmente NH_4 (Li, 2003). A clinoptilolite é um tipo de zeólito que tem uma estrutura molecular aberta, com um volume de poros de cerca de 35 % e é facilmente encontrada em depósitos minerais em todo o mundo. $^{+++2+}$Esta caraterística é obtida graças à estrutura tridimensional dos aluminossilicatos com anéis de quatro e cinco membros, formando microporos capazes de alojar catiões permutáveis como NH_4, Na , K e Ca (Leung *et al.*, 2007). Esta caraterística do zeólito pode melhorar a

utilização de nutrientes durante a fermentação sólida submersa e melhor crescimento da levedura.

Por conseguinte, o principal objetivo deste estudo é avaliar o efeito antimicrobiano do óleo essencial de orégãos na produção tradicional de leveduras probióticas num caldo de melaço adicionado de azoto e enxofre. Como objectivos particulares, pretende-se medir o efeito tampão do pH proporcionado pela zeólita clinoptilolite e determinar o tempo de contagem máxima de leveduras como ponto final do processo de produção de leveduras no produto.

MATERIAIS E MÉTODOS

A presente experiência foi realizada no laboratório de microbiologia da Faculdade de Zootecnia e Ecologia da Universidade Autónoma de Chihuahua, para a qual foram preparados caldos de cultura à base de melaço com os nutrientes necessários à reprodução da levedura *Kluyveromyces lactis* em três tratamentos e um controlo. Os tratamentos de controlo (CTL), que é apenas o caldo nutritivo tradicional de melaço, compostos azotados e enxofre, foram utilizados (quadro 6). O tratamento ZEO, CTL acrescido de 2 % do peso total em zeólito clinoptilolite; o tratamento AEO, CTL acrescido de 0,1 % do peso total em óleo essencial de orégãos (AEO); e o tratamento AXZ, que consiste em CTL acrescido de uma combinação de ambos os aditivos (0,1 % AEO e 2 % zeólito).

Os caldos foram colocados em recipientes de plástico de um litro, com uma pedra de arejamento ligada a uma bomba de ar em funcionamento constante, a fim de assegurar uma oxigenação adequada e uma corrente gerada pelo borbulhar, de modo a obter uma homogeneização completa do caldo. Estes recipientes foram colocados dentro de uma incubadora Thermo Fischer Scientific "Precision 815", que manteve uma temperatura constante de 25 ± 0,5 °C durante toda a experiência.

As leveduras utilizadas foram a estirpe *Kluyveromyces lactis*, retirada do banco de microrganismos da faculdade. Para reativar as leveduras, foi utilizado um caldo nutritivo de extrato de carne, peptona de soja, extrato de malte e aditivos necessários (Tabela 7), preparado especificamente para este fim (Tabela 6). Composição dos caldos nutritivos de melaço utilizados na experiência.

Ingrediente	Controlo, %	AEO , %	ZEO , %	AXZ , %
Melaço		24.024	.024.024.	0
Ureia	1.	01.	01.01. 0	
Sulfato de amónio	0.	20.	20.20. 2	
Inóculo de levedura	3.	03.	03.03. 0	
AEO		-0.1-0	.1	
Zeólito		--2.	02.0	

Tabela 7. Composição química do caldo de reativação de leveduras

Composto	Conteúdo por litro de caldo[1]
Extrato de carne	10.0 g
Peptona de soja	10.0 g
Cloreto de sódio	5.0 g
Dextrose	5.0 g
Extrato de malte	3.0 g
Amido solúvel	1.0 g
L-Cisteha	0.5 g

[1] Dissolver 34,5 g em 1 l de água e aquecer com agitação até dissolver. Esterilizar a 121 °C durante 15 minutos.

[VII] AEO indica o tratamento com 0,1 % de óleo essencial de orégãos, ZEO o tratamento com 2 % de zeólito e AXZ o tratamento com ambos (0,1 e 2 %, respetivamente).

[7]As leveduras foram mantidas durante 96 h neste caldo a 25 °C e foi alcançada uma produção de 5,7 x 10 células/mL.

O caldo nutritivo de melaço foi então inoculado com estas leveduras a uma taxa de 0, 1% do peso total. Este caldo inoculado foi então deixado ao ar e arrefecido à temperatura ambiente.

controlada durante 72 h na incubadora, a fim de manter um ambiente estável.

Variáveis de resposta

As variáveis avaliadas foram a contagem total de bactérias aeróbias em placa (UFC/mL de caldo), a quantidade de açúcar no caldo (°Bx), o pH e a contagem de leveduras (células/mL).

Contagem de leveduras. A contagem de leveduras foi realizada por contagem simples em câmara de Neubauer melhorada, pelo método descrito por D^az-Plascencia (2011), onde foi retirada uma amostra de 1 mL de caldo, que foi levada a diluições seriadas, e em seguida colocada em câmara de Neubauer, onde foram contadas as leveduras (individuais ou em gemas) nos quatro quadrantes da estria. A partir desses dados, foi calculada a quantidade de leveduras por mL de caldo nutritivo de melaço.

Contagem bacteriológica. A contagem bacteriológica foi efectuada de acordo com a Norma Oficial Mexicana NOM-092-SSA1-1994 Método para a contagem de bactérias aeróbias numa placa. Tomou-se um mL da amostra de caldo nutriente, diluiu-se 6 vezes no meio diluente e inoculou-se em cada placa de Petri, executando todas as amostras em triplicado. Depois de inocular as diluições das amostras nas placas de Petri, adicionar 12 a 15 mL do meio padrão preparado, misturar com 6 movimentos da direita para a esquerda, 6 no sentido dos ponteiros do relógio, 6 no sentido contrário ao dos ponteiros do relógio e 6 para a frente e para trás, numa superfície lisa e horizontal, até se conseguir a incorporação completa do inóculo no meio e deixar solidificar. Inclui-se uma caixa sem inóculo para cada meio e diluente preparado como controlo de esterilidade. As caixas são incubadas numa posição invertida a 35 ± 2 °C durante 48 ± 2 horas.

Após a incubação, as placas com 25 a 250 colónias são contadas utilizando o contador de colónias e o registador. Calcula-se a contagem média por mL da diluição.

pH. As medições de pH foram efectuadas com um potenciómetro digital Hanna, mergulhando-o no caldo e agitando-o enquanto se esperava que atingisse o ponto de estabilidade e se marcasse a leitura no visor.

Sólidos solúveis. A medição da concentração de açúcar foi efectuada com um refratómetro digital Hanna, ao qual se adiciona uma gota de caldo no copo de leitura, a medição é activada e dá automaticamente a leitura em graus Brix.

Conceção experimental

Foram estabelecidos quatro tratamentos: o tratamento com óleo essencial de orégãos (AEO), o tratamento com zeólito (ZEO) e a interação destes tratamentos (AXZ), para além do controlo, que era o método tradicional (CTL).

Utilizou-se um projeto completamente aleatório, com quatro réplicas para cada tratamento. Foram obtidas três amostras de cada réplica às 0, 6, 24, 48 e 72 h, perfazendo 12 amostras por tratamento em cada momento de medição. **Técnica estatística para o teste de hipóteses**

Para a comparação das variáveis contagem de bactérias aeróbias, pH, teor de açúcares e contagem de leveduras no caldo, foi utilizado o teste ANOVA one-way, além de uma comparação de médias de Tukey entre os tratamentos, considerando os tratamentos estatisticamente significativos a P < 0,05. Para o crescimento de leveduras e bactérias em relação ao tempo, foi efectuado um estudo de medidas repetidas no tempo com o procedimento Proc Mixed, encontrando efeitos significativos a P < 0,05. O tratamento estatístico foi efectuado com o pacote informático SAS, versão 9.1.3 (SAS, 2006).

O comportamento da contagem de leveduras por mL de caldo de melaço evoluiu de forma linear, aumentando à medida que o tempo avançava, embora apresentando um maior aumento de microrganismos por unidade de tempo no CTL ($P > 0{,}05$), que representa o método tradicional de desenvolvimento de leveduras em caldo de melaço, onde foi atingida uma contagem máxima de $5{,}27 \times 10^7$ células de leveduras por mL, seguido pelo AE.[7]05), que representa o método tradicional de desenvolvimento de leveduras em caldo de melaço, onde foi atingida uma contagem máxima de $5{,}27 \times 10^7$ células de leveduras por mL, seguido pelo AEO, que teve uma fase de adaptação mais longa, pois até 48 h iniciou-se o crescimento exponencial (Tabela 8) e apresentou uma contagem máxima de $3{,}99 \times 10$ células/mL de caldo. [77]Por outro lado, os tratamentos AXZ e ZEO, adicionados com Zeolite clinoptilolite, tiveram um desenvolvimento marcadamente lento da levedura ($P > 0{,}05$), e obtiveram uma contagem máxima de levedura de apenas $1{,}8 \times 10$ e $1{,}9 \times 10$ células/mL respetivamente. Este desenvolvimento da levedura pode ser refletido na concentração de sólidos solúveis, uma vez que os valores iniciais, próximos de 21 °Bx, diminuíram consideravelmente (Figura 4), o que significa que as leveduras utilizaram os açúcares disponíveis para a sua multiplicação. No entanto, os principais decréscimos ocorreram nos tratamentos CTL e AEO, o que é consistente com o facto de estes tratamentos serem os que apresentam as contagens totais de leveduras mais elevadas. Enquanto que os tratamentos AXZ e ZEO mantiveram a concentração de sólidos solúveis mais estável, o que também é consistente com o menor crescimento de leveduras.

Tabela 8. Concentração de leveduras por mL de caldo, expressa em leveduras x 106/mL de caldo por h

h	Tratamento[1]				
	AEO	AXZ	CTL	ZEO	E.E.
	15.63^b	1.35^c	20.75^a	1.10^c	1.6404
	19.25^b	4.05^c	33.75^a	6.20^c	1.3941
48	31.78^b	6.40^c	41.65^a	8.65^c	1.7383
	39.96^b	10.85^d	52.70^a	19.15^c	1.7058

[1] AEO Indica o tratamento com 0,1 % de óleo essencial de orégãos, ZEO o tratamento com 2 % de zeólito e AXZ o tratamento com ambos (0,1 e 2 %, respetivamente). CTL indica o tratamento de controlo.

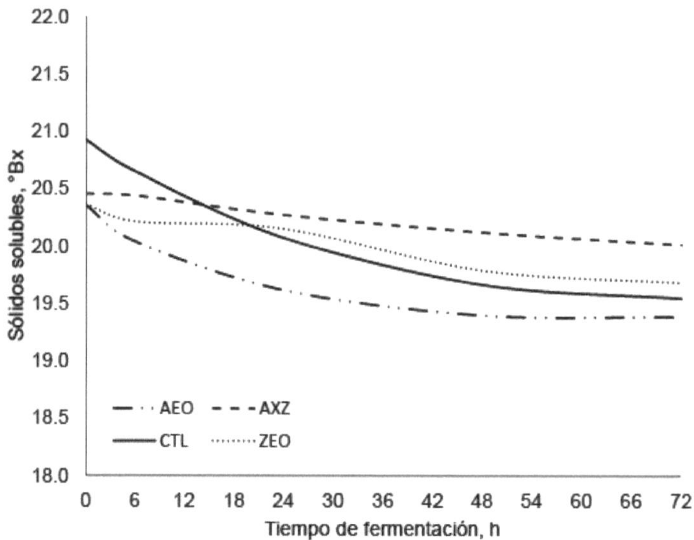

Açúcares solúveis no caldo versus tempo da experiência, expressos em °Bx.

A concentração de iões de hidrogénio, medida como pH, manteve-se relativamente constante, não se tendo verificado grandes flutuações ao longo dos tratamentos, com exceção da modificação inicial que ocorreu com a adição de óleo essencial de orégãos aos tratamentos AEO e AXZ, que elevou os valores de pH para valores próximos de 5 (Gráfico 5), enquanto os tratamentos CTL e ZEO, que não tinham AEO, se mantiveram com valores muito estáveis a um pH de 4 (P > 0,05). Estes resultados são consistentes com o baixo crescimento bacteriano, uma vez que a oxigenação adequada e a correcta movimentação e homogeneização evitaram a estagnação do caldo, o que teria gerado zonas de anaerobiose, permitindo a fermentação anaeróbia a ácido lático e álcool, factores que teriam alterado a acidez do caldo (Grewal e Kalra, 1995).

[4]No caso da presença de bactérias, estas mostraram pouco desenvolvimento, pois não ultrapassaram uma concentração de 2,11x10 UFC/mL, o que é baixo em comparação com o trabalho de outros autores (Chun *et al.*, 2005), pois neste experimento foram mantidas as condições de agitação e oxigenação constante, além de um pH próximo a 4, portanto havia poucas condições para o desenvolvimento de bactérias anaeróbias mesófilas totais. No tratamento CTL houve maior crescimento bacteriano (P > 0,05), com 2,11x104 UFC/mL, pois não continha nenhum aditivo que inibisse o seu crescimento, com exceção dos parâmetros físico-químicos conferidos pelo melaço e a mesma competição por nutrientes contra as leveduras. [4]Em segundo lugar, apresentou-se o tratamento AEO, que teve uma concentração máxima de 1,7x10 UFC/mL, ficando abaixo do controlo, enquanto que, numa situação muito semelhante, os tratamentos AXZ e ZEO tiveram um menor desenvolvimento bacteriano (P > 0.[4]05), não ultrapassando 1,08x10 UFC/mL (Tabela 9), o que indica que a adição de zeólita dificulta a disponibilidade de nutrientes para todos os microrganismos, diminuindo a contagem total de bactérias,

além das leveduras.

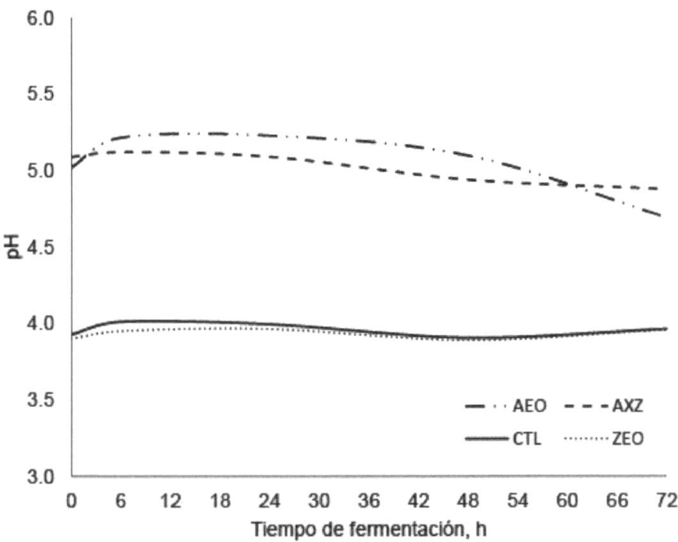

Gráfico 5. pH no caldo versus tempo da experiência.

Tabela 9. Concentração de bactérias mesófilas aeróbias totais por mL de caldo, expressa em UFC/mL de caldo.

h	Tratamento[1]				
	AEO	AXZ	CTL	ZEO	E.E.
	2.22×10^3	1.76×10^2	4.84×10^3	1.49×10^2	8.76
	8.49×10^3	2.25×10^3	1.08×10^4	2.41×10^3	2.04
48	1.74×10^4	9.78×10^3	2.12×10^4	1.05×10^4	4.02
	1.34×10^4	1.08×10^4	1.64×10^4	1.05×10^4	3.52

[1] AEO indica o tratamento com 0,1 % de óleo essencial de orégãos, ZEO o tratamento com 2 % de zeólito e AXZ o tratamento com ambos (0,1 e 2 %, respetivamente). CTL indica o tratamento de controlo.

CONCLUSÕES E RECOMENDAÇÕES

Conclui-se que a utilização do Óleo Essencial de Orégãos proporciona vantagens microbiológicas em relação ao processo tradicional de produção de levedura num caldo de melaço e ureia, reduzindo assim o tempo de produção e evitando a contaminação por bactérias estranhas. Estas melhorias garantem um processo limpo e livre de contaminantes microbiológicos.

A adição de zeólito afecta o desenvolvimento dos microrganismos no caldo, pelo que, embora tenha um benefício em termos de pH, não é recomendada a sua utilização em caldos de melaço e de ureia.

O crescimento bacteriano é significativamente afetado pela inclusão de AEO a baixas concentrações, o que significa que com uma pequena quantidade de AEO, pode ser garantido um processo adequado de produção de levedura.

O caldo de melaço e ureia permite o desenvolvimento adequado da levedura *Kluyveromyces lactis*, bem como a sua multiplicação até atingir quantidades aceitáveis para preparar inóculos para animais terrestres a um custo muito baixo. Outra conclusão é que a inclusão de AEO beneficia o processo ao evitar a formação de bolhas, reduzindo assim a perda de caldo na forma de espuma.

LITERATURA CITADA

Abdel-Tawwab, M., A. M. Abdel-Rahman e N. E. M. Ismael. 2008. Avaliação da levedura de panificação comercial viva, *Saccharomyces cerevisiae,* como promotor de crescimento e imunidade para a tilápia do Nilo, *Oreochromis niloticus,* desafiada in situ com *Aeromonas hydrophila.* Aquaculture 280:185-189.

Chun, S.-S., D. A. Vattem, Y. T. Lin e K. Shetty. 2005. Antioxidantes fenólicos de orégãos clonais (*Origanum vulgare*) com atividade antimicrobiana contra Helicobacter pylori. Process Biochem. 40:809-816.

D^az-Plascencia, D. 2011. Desenvolvimento de um inóculo à base de leveduras e seu efeito na cinética de fermentação in vitro em rações para vacas Holstein de alta produção. Tese de doutoramento. Faculdade de Zootecnia e Ecologia. Universidade Autónoma de Chihuahua. Chihuahua, Chih. México.

Gatesoupe, F. J. 2007. Leveduras vivas no intestino: ocorrência natural, introdução na dieta e seus efeitos na saúde e desenvolvimento dos peixes. Aquaculture 267:20-30.

Grewal, H. S. e K. L. Kalra. L. Kalra. 1995. Produção fúngica de ácido cítrico. Biotechnol. Adv. 13:209234.

Krishna, C. 2005. Sistemas de fermentação em estado sólido - uma visão geral. Crit. Rev. Biotechnol. 25:1-30.

Leung, S., S. Barrington, Y. Wan, X. Zhao e B. El-Husseini. 2007. Zeolite (clinoptilolite) como aditivo alimentar para reduzir o conteúdo mineral do estrume. Bioresour. Technol. 98:3309-3316.

Li, Z. 2003. Utilização de zeólito modificado com surfactante como transportador de fertilizante para controlar a libertação de nitrato. Microporous Mesoporous Mater. 61:181-188.

SAS Institute, Inc (2006) SAS/STAT users guide: Statics Version 9 Cary, North Carolina. U.S.A.

Secretaria da Saúde. 1995. Norma oficial mexicana NOM-092-SSA1-1994 Bens e serviços. Método de contagem de bactérias aeróbias numa placa.

Teixeira, B., A. Marques, C. Ramos, C. Serrano, O. Matos, N. R. Neng, J. M. F. Nogueira, J. A. Saraiva e M. L. Nunes. 2013. Composição química e bioatividade de diferentes extractos e óleo essencial de orégãos (*Origanum vulgare*). J. Sci. Food Agric.

- INCLUSÃO DE LÚPULO DE MAÇÃ FERMENTADO E DE UM PROBIÓTICO (*Kluyveromyces lactis*) NA DIETA DE TILÁPIAS (*Oreochromis niloticus*) durante a sua fase juvenil

RESUMO

INCLUSÃO DE LÚPULO DE MAÇÃ FERMENTADO E DE UM PROBIÓTICO (*Kluyveromyces lactis*) NA DIETA DE TILÁPIA (*Oreochromis niloticus*) DURANTE A SUA

ETAPA DA JUVENTUDE

O objetivo deste trabalho foi avaliar os efeitos do bagaço de maçã fermentado (BMF) e do inóculo de levedura (IL) *Kluyveromyces lactis* na dieta de tilápias. As variáveis avaliadas foram ganho de peso, comprimento, taxa de conversão alimentar (TCA) e rendimento de filé. Foram preparadas quatro dietas, incluindo 10 % de BMF (Dieta MAN), 3 % de IL (Dieta PRB) e uma mistura de ambas (Dieta MXP), comparadas com um controlo (CTL). Os peixes foram medidos semanalmente e depois sacrificados para obtenção de filetes. Os peixes alimentados com BMF tiveram um peso de abate significativamente maior (37,93 g) do que o controlo (34,92 g), enquanto os alimentados com IL foram significativamente menores (32,42 g) ($P <$ 0,05). O ganho de comprimento teve um efeito de tratamento ($P >$ 0,05), com a dieta MAN (92,19 mm) a ter um efeito maior do que o controlo (88,38 mm) e a dieta PRB (83,84 mm) ($P <$ 0,05). Da mesma forma, houve uma diferença em relação à RAA ($P >$ 0,05) porque a dieta MAN teve uma RAA de 1,78, enquanto o controlo teve 1,91. O rendimento em filetes foi superior ($P >$ 0,05) nos tratamentos com as dietas CTL e MAN (52,33 e 51,15 %) em relação às dietas MXP e PRB (44,51 e 46,4 %). Conclui-se que o BMF actua como uma fonte de proteína microbiana de boa qualidade e alta digestibilidade, além disso, enquanto a levedura não mostrou efeitos positivos sobre os peixes, os compostos antioxidantes presentes no BMF proporcionaram benefícios que se traduzem numa melhoria dos parâmetros produtivos.

INTRODUÇÃO

A tilápia (*Oreochromis* sp.) é uma espécie que tem tido um interesse crescente para a indústria da aquacultura nos últimos anos, sendo a segunda espécie de água doce mais importante cultivada no mundo, a seguir à carpa (Atwood *et al.*, 2003).

Nos sistemas de produção de tilápias, grande parte dos custos de produção corresponde à alimentação, utilizando proteína de origem animal, geralmente farinha de peixe, o que aumenta consideravelmente o custo da ração. Por isso, a busca por fontes proteicas vegetais ou microbianas de boa qualidade é uma prioridade na produção de peixes, pois atualmente são a fonte mais demandada (Ribeiro *et al.*, 2014).

As maçãs são uma fonte natural de antioxidantes, que para além de fornecerem uma grande quantidade de antioxidantes, são um excelente substrato para a produção de microrganismos através da fermentação em estado sólido, sendo capazes de quebrar as estruturas celulósicas (Dhillon *et al.*, 2012) e libertar os compostos fenólicos nelas contidos para os disponibilizar aos consumidores deste fermento (Ajila *et al.*, 2011).

O bagaço de maçã (AB) consiste nos resíduos do processo de produção de sumo e é composto por cascas, sementes, caroços, talos, restos de polpa e tecidos moles, sendo por isso considerado um produto de elevado valor nutricional (Garrta *et al.*, 2009). Ao utilizar esse material como ingrediente em dietas animais, o produtor enfrenta diversos problemas, como sua deficiência de proteína digestível, seu alto teor de umidade e baixo pH, por isso o desenvolvimento de proteína microbiana nesse meio se apresenta como uma excelente alternativa para aumentar seu nível de proteína e modificar seu pH, podendo ser utilizado na alimentação animal como um suplemento alimentar de alta qualidade, fornecendo proteína a um custo menor que a farinha animal, e com uma digestibilidade semelhante (Bhalla e Joshi, 1994).

Portanto, o objetivo deste estudo foi avaliar o efeito da inclusão de bagaço de maçã fermentado (FMB) como fonte de proteínas e antioxidantes e o uso de inóculo de levedura (YI) como fonte de probióticos nos parâmetros de produção de tilápia.

MATERIAIS E MÉTODOS

O estudo foi realizado no módulo de piscicultura da Facultad de Zootecnia y Ecolog^a da Universidad Autonoma de Chihuahua, na cidade de Chihuahua, México, condicionado em temperatura, luz e uma bateria de tanques de peixes com um sistema hidráulico de recirculação, que inclui filtragem físico-química para manter as condições biológicas necessárias para sustentar a vida dos organismos aquáticos e o seu desenvolvimento ótimo ao longo das suas fases produtivas.

A movimentação da água foi efectuada por meio de uma bomba Pedrollo PKm 60, de 0,5 cv, com um caudal médio de 40 l/min para todo o sistema, garantindo assim uma oxigenação adequada. O sistema de filtragem é constituído por um tanque de vidro com 6 mm de espessura, que contém meios filtrantes compostos por carvão ativado, granzon e zeólito, que realizam uma filtragem física e química, permitindo o estabelecimento de colónias de bactérias desnitrificantes, favorecendo um nível adequado de compostos nitrogenados residuais na água. Foi também instalado um sistema de luz ultravioleta, que através de dois tubos de 15 W, irradia a água de forma a matar possíveis parasitas e as suas formas vegetativas, mantendo a saúde da aquacultura e a qualidade da água.

A qualidade da água foi constantemente monitorizada em termos de Concentração de Oxigénio, Concentração de Nitratos, Concentração de CO_2, Temperatura e Concentração de Amónio, de modo a que se mantivessem sempre constantes e dentro do intervalo ótimo para as espécies, evitando assim influenciar os resultados da experiência.

[6]O inóculo de levedura (IL) utilizado foi o mesmo obtido no Estudo II, e foi ajustado para uma concentração de 1x10 leveduras por mL, através de uma contagem simples em câmara de Neubauer pelo método descrito por D^az-Plascencia (Diaz-Plascencia, 2011), onde se retira uma amostra de 1 mL de inóculo, e dilui-se em diluições seriadas, até se obter a concentração adequada.

A formulação das dietas foi efectuada no programa de formulação Nutrion 5, com base nas recomendações do N.R.C. (National Research Council) para a Tilápia (*Oreochromis niloticus*), efectuando as modificações necessárias para incluir os níveis de BMF sem alterar os aspectos nutricionais da ração. As dietas foram formuladas de acordo com a Tabela 10, utilizando o nível de inclusão de 10% de FBM (MAN), 3% de IL (PRO) e a sua interação (MXP), em comparação com uma dieta de controlo (dieta CTL). Estas dietas foram preparadas no laboratório de Nutrição Animal da Faculdade de Zootecnia e Ecologia, onde os ingredientes foram homogeneizados e humedecidos a 24% p/p para serem peletizados num moinho de carne comercial. Os pellets formados foram deixados a secar à temperatura ambiente em tabuleiros permeáveis ao ar durante 48 horas até atingirem uma humidade de 8 %, resultando numa ração de cor amarela, com uma consistência adequada e um cheiro e sabor agradáveis para os peixes.

Uma vez formuladas as dietas, procedeu-se à análise proximal por métodos convencionais da A.O.A.C. (Association of Official Analytical Chemistry) para avaliar o seu conteúdo nutricional e determinar se existiam diferenças entre elas.

Tabela 10.- Composição das dietas utilizadas na experiência.

Ingrediente	Dieta[8]			
	Controlo (%)	HOMEM (%)	PRB (%)	MXP (%)
Pasta de soja	62.9	45.8	62.9	45.8
Óleo vegetal	6.2	6.4	6.2	6.4
Leite em pó	11.0	10.0	11.0	10.0
Milho moído	12.5	19.6	12.5	19.6
Farinha de carne	5.0	5.0	5.0	5.0
Pré-mistura V e M	0.3	0.3	0.3	0.3
Carbonato de cálcio	1.1	1.1	1.1	1.1
Sal	1.0	1.0	1.0	1.0
IL	-	-	3.0	3.0
BMF	-	10.0	-	10.0

Os peixes utilizados foram tilápias do Nilo (*Oreochromis niloticus*) de tamanho médio de uma polegada, com duas semanas de idade, obtidas na piscicultura de La Boquilla, no município de San Francisco de Conchos, Estado de Chihuahua, México. Os peixes obtidos foram previamente masculinizados para evitar a interferência do fator sexual.

Foram estabelecidos quatro tratamentos: a dieta suplementada com bagaço de maçã fermentado (MAN), a dieta suplementada com inóculo de levedura (PRO) e sua interação (MXP), bem como a dieta controle, que foi a dieta comercial para tilápia (CTL). Os tratamentos são os seguintes:

1. MAN: Dieta formulada com 10% de BMF.
2. PRO: Dieta suplementada com 3% de IL.
3. MXP: Dieta formulada com 10 % de BMF e 3 % de IL.
4. CTL: Dieta de controlo.

Utilizou-se um desenho completamente aleatório, em que foram utilizados como unidade experimental aquários de vidro com dez peixes cada, com cinco réplicas para cada tratamento, perfazendo um total de 20 aquários. De cada aquário, foram retirados três peixes ao acaso em cada semana para obter as medições, tendo três réplicas para cada repetição. **Variáveis de resposta**

Ganho de peso e comprimento. Ao longo de 8 semanas, os peixes foram pesados e medidos de 7 em 7 dias, como descrito por Crivelenti (Crivelenti e Mundim, 2011), pesados em triplicado numa balança eletrónica, retirados ao acaso de cada um dos 21 tanques e medidos quanto ao comprimento, altura e largura com um vernier milimétrico. Para facilitar o manuseamento dos animais, uma vez retirados dos seus tanques, foram colocados em água doce durante alguns segundos para reduzir a sua atividade e permitir o seu manuseamento sem risco de danos para os próprios peixes.

A dieta foi fornecida de acordo com a massa da unidade experimental e à taxa estabelecida pelo NRC para um crescimento ótimo.

Rendimento em filetes. Após a conclusão do ensaio, às 8 semanas, os peixes foram sacrificados por secção cefálica depois de terem sido pesados, medidos e colocados em gelo. Os filetes de cada peixe foram obtidos à mão, pesados e

---

[8] MAN indica tratamento com 10 % de BFM, PRB tratamento com 3 % de IL e MXP tratamento com ambos (10 e 3 %, respetivamente).

congelados a -18 °C até à análise química (Fagbenro e Jauncey, 1998).

Taxa de sobrevivência. Os peixes foram contados todos os dias, registando-se no diário de bordo se houve mortalidade em cada dia. Nos casos em que ocorreu mortalidade, o corpo do peixe foi analisado para detetar possíveis sinais de doença e registado no diário de bordo.

Conceção experimental:

Para a análise estatística dos dados, foi utilizado o teste ANOVA one-way para comparação das variáveis produtivas em cada semana e análise proximal, além da comparação de médias entre tratamentos pelo teste de Tukey, considerando os tratamentos estatisticamente significativos a $P < 0,05$. Para o ganho de peso e comprimento dos peixes em relação ao tempo, foi realizado um estudo de médias repetidas no tempo com o procedimento Proc Mixed, encontrando efeitos significativos a $P < 0,05$. O tratamento estatístico foi efectuado com o pacote informático SAS, versão 9.1.3 (SAS Institute, 2006).

A análise proximal das dietas mostrou que só houve diferença estatisticamente significativa nos teores de fibra bruta, graças à inclusão do FBM, que possui uma quantidade significativa de fibra, porém, essa inclusão não modifica os níveis de energia nem ultrapassa a quantidade de fibra recomendada para a espécie (FAO, 2010), por isso foram utilizadas dietas isocalóricas e isoproteicas para o experimento (Tabela 11).

No presente estudo, obteve-se efeito significativo ($P < 0,05$) da inclusão de FBM na dieta de juvenis de tilápia em crescimento, apresentando maior ganho de peso ($P < 0,05$), maior ganho de comprimento ($P < 0,05$) e menor TCA ($P < 0,05$) (Tabela 12), enquanto a inclusão de IL apresentou efeito negativo sobre as mesmas variáveis. Por outro lado, a interação entre BMF e IL obteve uma boa resposta nas variáveis estudadas, embora ainda inferior à dieta com BMF, mas superior à dieta controlo (Tabelas 13 e 14). Esse efeito pode ser explicado pela presença de agentes antioxidantes no FBM, o que foi corroborado no experimento II. Este trabalho está de acordo com o que foi relatado por outros autores, onde a inclusão de subprodutos da indústria de frutas fornece antioxidantes às dietas de peixes e melhora seus parâmetros produtivos (Sahin *et al.*, 2014; Brenes *et al.*, 2016).

No aspeto do controle da qualidade da água e dos parâmetros físico-químicos do ambiente em que os peixes se desenvolveram, pode-se dizer que não houve diferença estatisticamente significativa entre os tratamentos ($P > 0,05$), no entanto, observa-se uma tendência de diminuição da temperatura devido à variação normal da temperatura ambiental ao longo do ano, já que este experimento foi realizado entre os meses de agosto e setembro. Apesar dessa diminuição da temperatura, os valores se mantiveram dentro da faixa adequada para o correto desenvolvimento da espécie (22 a 32 °C), de forma que não foi observada nenhuma interferência no experimento (Gráfico 6), nem pela concentração de oxigênio, que se manteve nos níveis adequados conforme previsto na ficha técnica da FAO e da SAGARPA para essa espécie (Gráfico 7).

Relativamente aos metabolitos dos resíduos, a monitorização constante do amónio e do CO_2 mostrou que em nenhum momento as concentrações foram superiores às recomendadas para a Tilápia (FAO, 2010), sendo o amónio sempre inferior a 1 mg/L e o CO_2 inferior a 30 mg/L, (Figuras 8 e 9). Apesar de estar abaixo do máximo permitido, verificou-se um aumento da concentração de amónio na quarta e quinta semana, o que pode ser atribuído à acumulação de resíduos no filtro, situação que foi corrigida com a limpeza do filtro.

O pH da água dos tanques variou ao longo do experimento, mostrando que não houve diferença entre os tratamentos, assim pode-se dizer que a inclusão de BMF, IL e sua interação não modificam o pH da água do sistema onde os peixes se desenvolvem fora dos limites estabelecidos para esta espécie (6,5 a 8,5), e se comportaram da mesma forma que a dieta controle (Gráfico 10).

A mortalidade na experiência manteve-se baixa, sendo a maioria das mortes causadas por peixes que saltaram do tanque e foram encontrados mais tarde, excluindo a presença de doenças.

Quadro 11: Análise aproximada das dietas utilizadas na experiência.

Tratamento[1]	Extrato etéreo, %	Protema, %	Cinzas, %	Fibra bruta, %, %, %, %, %, %, %, %, %, %, %, %, %, %.	E.L.N., %
HOMEM	8.27[a]	34.31[a]	8.07[a]	8.04[a]	41.30[b]
PRB	8.49[a]	34.98[a]	8.67[a]	5.03[b]	42.80[ab]
MXP	8.77[a]	33.85[a]	7.20[a]	8.16[a]	41.98[b]
Controlo	8.34[a]	33.51[a]	6.73[a]	5.01[b]	46.39[a]

[1] MAN indica tratamento com 10 % de BFM, PRB tratamento com 3 % de IL e MXP tratamento com ambos (10 e 3 %, respetivamente).

Letras diferentes entre linhas indicam diferença estatística (P > 0,05).

[1]Tabela 12: Rácio de conversão alimentar (FCR) dos peixes por tratamento durante a experiência [9] [10]

Semana	CTL	HOMEM	MXP	PRB
1	2.3469[ab]	2.1356[b]	2.0791[b]	2.8724[a]
	1.7044[ab]	1.2061[b]	1.8873[ab]	1.9057[a]
	1.8944[a]	1.6103[ab]	1.4577[b]	1.7866[a]
	1.8958[a]	1.0950[d]	1.5841[c]	1.7500[b]
5	1.5593[c]	2.2320[a]	1.6496[b]	2.0565[ab]
	2.0058[c]	1.9989[c]	2.4841[b]	2.9477[a]
	1.8993[a]	1.6871[b]	1.8531[ab]	1.9200[a]
8	2.0392[c]	2.3483[ab]	2.3062[ab]	2.4100[a]
Média	1.9181[ab]	1.7891[c]	1.9127[ab]	2.2061[a]

[1]Tabela 13: Peso médio semanal em gramas dos peixes por tratamento durante a experiência. [11] [12]

Semana	CTL (g)	HOMEM (g)	MXP (g)	PRB (g)	E.E.
0	7.14[a]	7.5[a]	8.15[a]	6.87a	0.50
1	8.30[ab]	9.46[a]	9.08[ab]	7.21a	0.52
	10.54[ab]	12.65[a]	11.03[ab]	10.06[b]	0.67
	12.76[b]	15.78a	14.05[ab]	12.30[b]	0.80
	17.69[ab]	21.34a	18.26[b]	17.16[b]	1.05
5	21.5[ab]	24.75a	22.22[ab]	20.14[b]	1.28
	25.32[ab]	27.7[a]	25.41[ab]	22.58[c]	1.50
	30.25[ab]	33.44[a]	30.21[ab]	27.77[c]	1.57
8	34.92[ab]	37.93[a]	34.34[ab]	32.42c	1.80

[9] MAN indica tratamento com 10 % de BFM, PRB tratamento com 3 % de IL e MXP tratamento com ambos (10 e 3 %, respetivamente).

[10] Letras diferentes entre colunas indicam diferença estatisticamente significativa na comparação de médias de Tukey (P > 0,05).

[11] MAN indica tratamento com 10 % de BFM, PRB tratamento com 3 % de IL e MXP tratamento com ambos (10 e 3 %, respetivamente).

[12] Letras diferentes entre colunas indicam diferença estatisticamente significativa na comparação de médias de Tukey (P > 0,05).

Tabela 14. [1]Comprimento semanal médio em metros dos peixes por tratamento durante a experiência. [13][14]

Semana	CTL (mm)	HOMEM (mm)	MXP (mm)	PRB (mm)	E.E.
0	48.13a	48.90a	49.68a	48.72a	2.17
1	52.62[a]	56.08[b]	52.90a	52.00[a]	2.25
	56.90[ab]	60.86[a]	58.29[ab]	55.44[b]	2.13
	62.91[ab]	65.07[a]	61.81[ab]	58.65[b]	2.18
	68.03[ab]	71.38[a]	67.82[ab]	65.26[b]	2.50
5	72.68[ab]	77.84[a]	73.06[ab]	70.48[b]	2.48
	76.73[ab]	81.37[a]	76.14[ab]	75.08[b]	2.26
	82.60[ab]	86.51[a]	82.86[ab]	80.28[b]	2.53
8	88.38[ab]	92.19[a]	89.51[ab]	83.84[c]	2.64

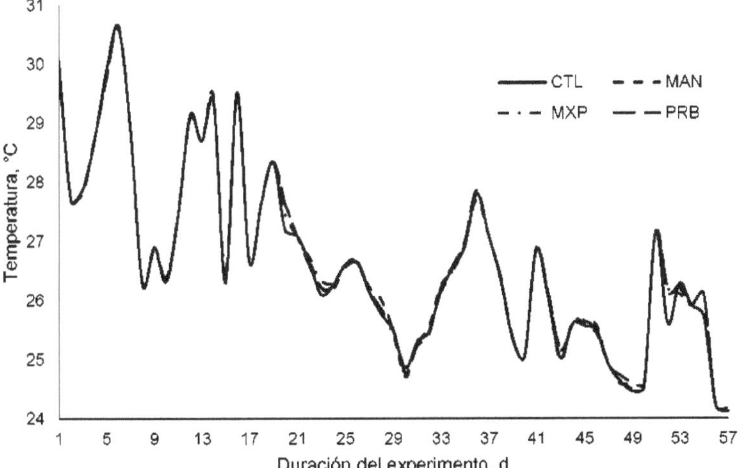

Gráfico 6: Temperatura da água no sistema de aquário em função do tempo de experiência.

---

[13] MAN indica tratamento com 10 % de BFM, PRB tratamento com 3 % de IL e MXP tratamento com ambos (10 e 3 %, respetivamente).
[14] Letras diferentes entre colunas indicam diferença estatisticamente significativa na comparação de médias de Tukey (P > 0,05).

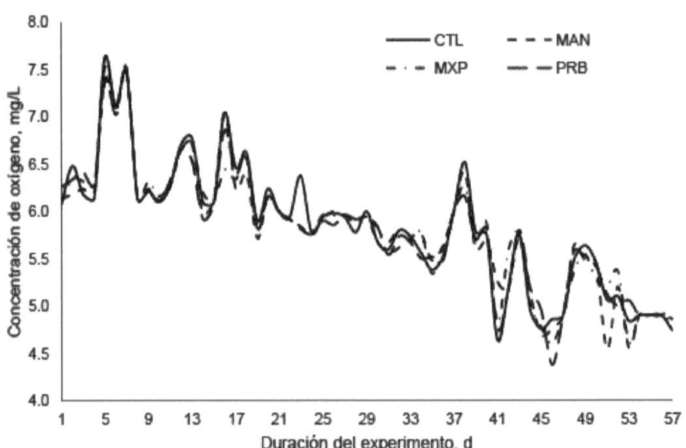

Gráfico 7. Concentração de oxigénio na água do sistema de tanques de peixes em função do tempo da experiência.

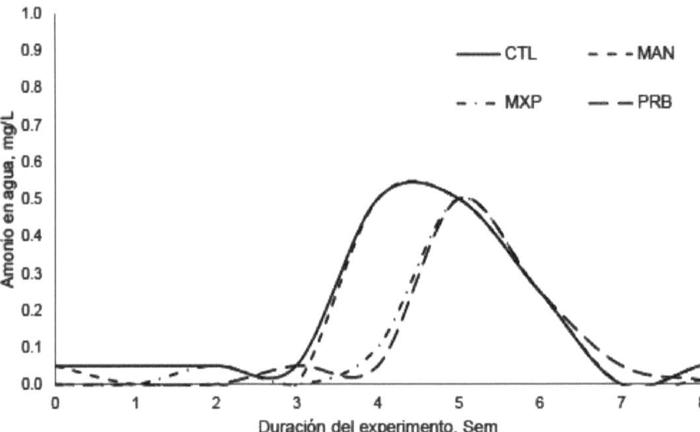

Gráfico 8: Concentração de amónio na água do sistema de aquário em função do tempo de experiência.

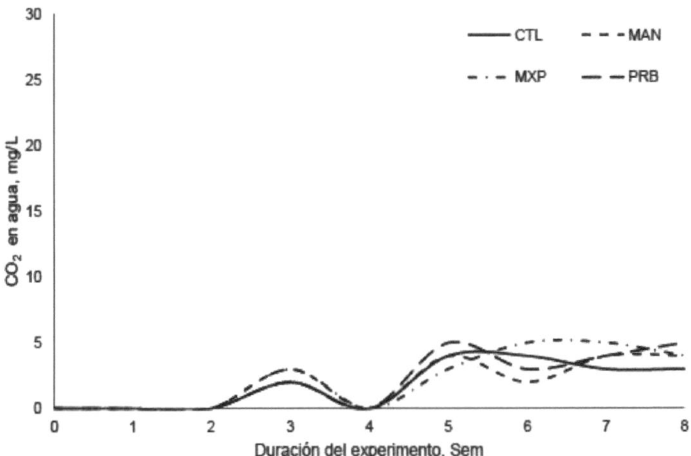

Gráfico 9. Concentração de CO_2 na água do sistema de aquário em função do tempo de experiência.

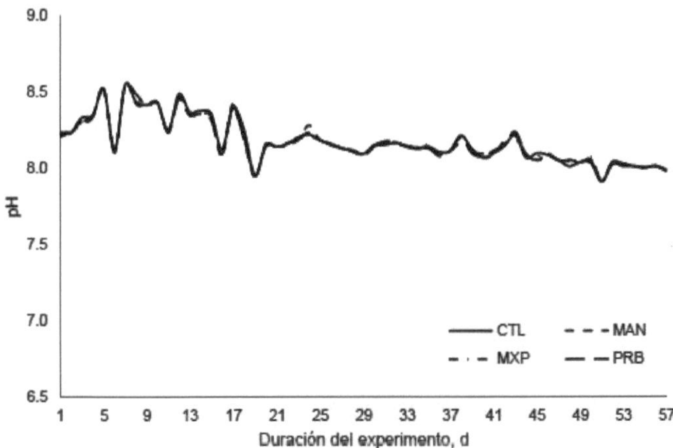

Gráfico 10. pH da água do sistema de aquário em função do tempo da experiência.

ou parasitas bacterianos na revisão dos peixes mortos. A sobrevivência ficou entre 92 e 100 % por tratamento (Tabela 15). Essa taxa de sobrevivência é adequada para a espécie, pois varia entre 90 e 100 %, de acordo com as fichas técnicas da FAO e da SAGARPA, e é semelhante à encontrada por outros autores para o crescimento de tilápias (Reque *et al.*, 2010).

Relativamente aos parâmetros de rendimento de filetes, verificou-se que houve diferenças estatisticamente significativas entre os tratamentos, ou seja, houve um efeito produzido pela inclusão de BFM e IL nas dietas (Tabela 16). A dieta que produziu o melhor rendimento em filetes foi a dieta de controlo (P > 0,05), com 52,33 % de filetes por peso fresco, seguida da dieta MAN, que teve um rendimento em filetes de 51,15 %, muito próximo do controlo, enquanto as dietas MXP e PRB foram consideravelmente diferentes das duas primeiras, com rendimentos em filetes de 44,51 % e 46,44 %, respetivamente. Estes resultados estão de acordo com os apresentados por Rojas *et al.* em 2011, onde as medições morfométricas concordam com o peso da carcaça, o comprimento e o rendimento em filetes (Rojas-runjaic *et al.*, 2011).

Este efeito pode ser explicado pela inclusão de BFM, que fornece antioxidantes ao peixe, de modo a diminuir o stress oxidativo e a permitir-lhe produzir mais massa muscular, porque menos radicais livres causam menos danos aos tecidos musculares e promovem o desenvolvimento muscular (Dhillon *et al.*, 2013).

Tabela 15: Sobrevivência dos peixes por tratamento durante toda a experiência

Tratamento[1]	Peixe inicial	Peixe no fim	Sobrevivência
1.- Controlo	50	46	92 %
2.- HOMEM	50	49	98 %
3.- MXP	50	50	100 %
4 - PRB	50		94 %

[1] MAN indica tratamento com 10 % de BFM, PRB tratamento com 3 % de IL e MXP tratamento com ambos (10 e 3 %, respetivamente).

Quadro 16: Rendimento médio em filetes dos peixes por tratamento no abate

Tratamento[1]	Rendimento em filetes, % em filetes, %, %, %, %, %, %, %, %, %, %. [15][16]	Rendimento D.E.
CTL	52.33[a]	3.83
HOMEM	51.15[ab]	3.84
MXP	44.51[c]	6.06
PRB	46.44[bc]	2.71

[15] MAN indica tratamento com 10 % de BFM, PRB tratamento com 3 % de IL e MXP tratamento com ambos (10 e 3 %, respetivamente).
[16] Letras diferentes entre colunas indicam diferença estatisticamente significativa na comparação de médias de Tukey (P > 0,05).

CONCLUSÕES E RECOMENDAÇÕES

Este estudo conclui que a aquicultura é uma excelente alternativa para a produção de proteína animal de forma acessível, segura e ambientalmente correta, porém, o principal custo envolvido no manejo de uma piscicultura é a alimentação, o que obriga o produtor a buscar uma ração que apresente um balanço adequado entre custo e qualidade.

Conclui-se também que, para desenvolver uma ração para peixes que esteja numa faixa de custo adequada, é necessário usar fontes alternativas de proteína, e uma alternativa adequada para fornecer proteína de alto custo é a adição de subprodutos fermentados de maçã na forma sólida.

As leveduras contidas no inóculo produzido na fermentação não foram capazes de atuar como probióticos nos peixes, não conseguiram permanecer no trato digestivo dos peixes, e não proporcionaram qualquer benefício digestivo, mas sim tiveram uma influência estatisticamente negativa no desenvolvimento dos peixes, impedindo-os de atingir o seu pleno potencial, pelo que não se recomenda a utilização da levedura *Kluyveromices lactis* na dieta dos peixes Tilápia.

Conclui-se que o bagaço de maçã possui compostos antioxidantes, uma vez que as maçãs são ricas nestes compostos, e estes servirão para prevenir o stress oxidativo nos peixes por radicais livres de oxigénio, melhorando o seu desempenho produtivo em termos de ganho de peso, crescimento em comprimento, taxa de conversão alimentar e rendimento em filetes.

Conclui-se que o uso de BFM fornece compostos antioxidantes da família dos polifenóis em quantidades significativas, que melhoram os parâmetros produtivos dos peixes, obtendo-se um melhor ganho de peso, crescimento em comprimento, taxa de conversão alimentar e rendimento de filé, enquanto a inclusão de IL não produz uma diferença positiva em relação ao controle. Portanto, pode dizer-se que as leveduras

A *Kluyveromyces lactis* utilizada no inóculo apresenta um efeito negativo significativo nos parâmetros de produção.

A inclusão do BMF na dieta das tilápias é, por conseguinte, uma boa forma de combater a contaminação causada pelos subprodutos da maçã gerados nas indústrias de transformação da maçã e de os utilizar produtivamente na aquicultura.

LITERATURA CITADA

Ajila, C. M., F. Gassara, S. K. Brar, M. Verma, R. D. Tyagi e J. R. Valero. 2011. Mobilização de antioxidantes polifenólicos em bagaço de maçã por diferentes métodos de fermentação em estado sólido e avaliação da sua atividade antioxidante. Food Bioprocess Technol. 5:2697-2707.

Atwood, H. L., J. R. Tomasso, K. Webb e D. M. Gatlin. 2003. Low-temperature tolerance of Nile tilapia, *Oreochromis niloticus*: effects of environmental and dietary factors. Aquac. Res. 34:241-251.

Bhalla, T. C. e M. Joshi. 1994. Enriquecimento proteico do bagaço de maçã por co-cultura de bolores celulolíticos e leveduras. World J. Microbiol. Biotechnol. 10:116-7.

Brenes, A., A. Viveros, S. Chamorro e I. Arija. 2016. Utilização de subprodutos de uva ricos em polifenóis na nutrição de monogástricos. Uma revisão. Anim. Feed Sci. Technol. 211:1-17.

Crivelenti, L. Z. e A. V Mundim. 2011. Valores bioquímicos séricos da tilápia do nilo (*Oreochromis niloticus*) em cultivo intensivo. Rev. Investig. Vet. Peru 22:318-323.

Dhillon, G. S., S. Kaur, S. K. Brar e M. Verma. 2012. Potencial do bagaço de maçã como substrato sólido para a bioprodução de celulase e hemicelulase fúngicas através da fermentação em estado sólido. Ind. Crops Prod. 38:6-13.

Dhillon, G. S., S. Kaur e S. K. Brar. 2013. Perspetiva de resíduos de processamento de maçã como substratos de baixo custo para bioprodução de produtos de alto valor: Uma revisão. Renew. Sustain. Energy Rev. 27:789-805.

D^az-Plascencia, D. 2011. Desenvolvimento de um inóculo à base de leveduras e seu efeito na cinética de fermentação in vitro em rações para vacas Holstein de alta produção. Tese de doutoramento. Faculdade de Zootecnia e Ecologia. Universidade Autónoma de Chihuahua. Chihuahua, Chih. México.

Fagbenro, O. e K. Jauncey. 1998. Propriedades físicas e nutricionais de pellets de silagem de peixe fermentada húmida como suplemento proteico para a tilápia (*Oreochromis niloticus*). Anim. Feed Sci. Technol. 71:11-18.

FAO. 2010. World aquaculture 2010. 1ª ed. (Departamento de Pescas e Aquicultura da FAO, editor.). Rome.

Garrta, Y. D., B. S. Valles e A. P. Lobo. 2009. Composição fenólica e antioxidante de subprodutos da indústria da sidra: bagaço de maçã. Food Chem. 117:731-738.

Reque, V. R. R., J. R. E. de Moraes, M. A. de Andrade Belo e F. R. de Moraes. 2010. Inflamação induzida por *Aeromonas hydrophila* inativada em tilápias do Nilo alimentadas com dietas suplementadas com *Saccharomyces cerevisiae*. Aquaculture 300:37-42.

Ribeiro, C. S., R. G. Moreira, O. a. Cantelmo e E. Esposito. 2014. Uso de *Kluyveromyces marxianus* na dieta de *tilápia-do-nilo* (*Oreochromis niloticus*, Linnaeus) exposta à variação climática natural: Efeitos sobre o desempenho de crescimento, ácidos graxos e proteína. deposição. Aquac. Res. 45:812-827.

Rojas-runjaic, B., D. A. Perdomo e D. E. Garrta. 2011. Rendimento de carcaça e filetagem da tilápia (*Oreochromis niloticus*) variedade Chitralada produzida no Estado de Trujillo, Venezuela. Zootec. Trop. 29:113-126.

SAGARPA e CONAPESCA. 2012. Anuario estadistico de acuacultura y pesca 2011.

Sahin, K., C. Orhan, H. Yazlak, M. Tuzcu e N. Sahin. 2014. O licopeno melhora a ativação do sistema antioxidante e a via Nrf2/HO-1 do músculo na truta arco-íris (*Oncorhynchus mykiss*) com diferentes densidades de estocagem. Aquaculture 430:133-138.

SAS Institute, Inc. 2006. Guia do utilizador do SAS/STAT: Statics Version 9 Cary, Carolina do Norte. U.S.A.

Secretaria da Saúde. 1995. Norma oficial mexicana NOM-092-SSA1-1994 Bens e serviços. Método de contagem de bactérias aeróbias numa placa.

Printed by Books on Demand GmbH, Norderstedt / Germany